Zur

Lehre vom Luftwechsel.

Von

Dr. Gustav Wolffhügel,

ordentl. Professor und Direktor des hygienischen Instituts an der Universität Göttingen.

München 1893.

Druck und Verlag von R. Oldenbourg.

Sonderabzug aus Archiv für Hygiene, Band XVIII (1893) Heft 3.

MAX VON PETTENKOFER

dem

Altmeister der hygienischen Forschung

und

hochverehrten Lehrer

zum Doctorjubiläum in Dankbarkeit gewidmet

vom Verfasser.

Inhalt.

I. Hygiene und Gesundheitstechnik.

Die Fortschritte auf dem Gesammtgebiete der Medicin, die zunehmende Erkenntnis in der Hygiene haben in der zweiten Hälfte unseres Jahrhunderts mehr denn je zuvor auf das Bauwesen in allen seinen Zweigen Einwirkungen ausgeübt, bald fördernder bald hemmender Art, so dass, was zu Gunsten der Gesundheitspflege erreicht worden ist, der Erwartung nicht immer entspricht. Bei der Fülle neuer Anregung, welche die Hygiene — namentlich auch im letzten Jahrzehnt unter dem Einflusse des Aufblühens der bacteriologischen Forschungsrichtung — Schlag auf Schlag brachte, hat es nicht ausbleiben können, dass die Gesundheitstechnik in Manchem schon die Richtschnur für ihre Thätigkeit erblickt hatte, was bald darauf der besseren Einsicht wieder hat weichen müssen. Bringt es doch auch der rasche Wandel der Dinge, der Zug unserer schnell lebenden Zeit mit sich, dass bahnbrechende Arbeiten von genialen und zuverlässigen Beobachtern ohne Grund als veraltet angesehen werden, dass auf manchen Gebieten des Wissens selbst grundlegende Thatsachen der Forschung mehr und mehr in Vergessenheit gerathen.

Des Uebereifers und der Ueberstürzung könnte man beide Theile zeihen, wenn nicht hier die Besonderheit des Gegenstandes entschuldigte, welchem selbst der Laie zum Wohle der Mitmenschen und auch zum Schutze der eigenen Person naturgemäss grosses Interesse entgegenbringt. So mag es denn, wenn auch nicht erfreulich und der Sache förderlich, doch immerhin verzeihlich erscheinen, wenn das auf dem Gebiete der experimentellen Hygiene Geleistete leicht vorzeitig den Weg zum Bekanntwerden in weiteren Kreisen findet und in der Praxis zu verwerthen versucht wird, noch ehe es im Schoosse des Faches den Reifungsvorgang durchgemacht hat.

Die Einflüsse, welche die Fortschritte und Leistungen der Hygiene auf das Bauwesen ausüben, würden zu nachtheiligen Wirkungen kaum führen können, wenn zwischen den Vertretern dieser Fächer ein regerer geistiger Verkehr, ein persönlicher Austausch der Meinungen und Erfahrungen bestünde und dieser namentlich bei Berathung einzelner Arbeitsaufgaben und Fragen der bautechnischen Praxis, soweit diese das Gebiet der Gesundheitspflege berühren, Bethätigung fände. Dem Hygieniker von Fach wird viel zu wenig Gelegenheit geboten, sein sachkundiges Urtheil unter Würdigung der besonderen Umstände des Einzelfalles als Berather in den Dienst der Praxis zu stellen, da der Techniker in der Regel es vorzieht, sich das, was er für seine Zwecke nöthig zu haben glaubt, aus der hygienischen Litteratur, häufig auch nur aus den zum Theil mangelhaften Berichten seiner Fachblätter und Handbücher zu entnehmen und nach Bedarf selbst zurecht zu machen. Diese Selbsthülfe ist aber um so eher geeignet, die Sache zu schädigen, wo infolge des Mangels einer naturwissenschaftlichen Vorbildung und Schulung in hygienischen Fragen die Befähigung zur kritischen Auswahl des Dargebotenen nicht vorhanden ist. Es führt die namentlich auch im Bauwesen des Staates und der Gemeinde beliebte Gepflogenheit, auf die Mitwirkung des Hygienikers in gesundheitstechnischen Angelegenheiten, bei Aufstellung des Programms, bei Prüfung der Entwürfe u. s. w., soweit wie irgend thunlich, zu verzichten, nicht selten in baulichen Anlagen zu einer Wiederkehr von Fehlern, welche schon aus wirthschaftlichen Gründen vermieden werden sollte und längst hätte vermieden werden können, wenn bei den Vorarbeiten auch dem Vertreter der Gesundheitslehre das Wort ertheilt worden wäre. Stehen doch gerade dem Hygieniker, wenn er häufig Gelegenheit hat, Anlagen zur Wasserversorgung, Entwässerung und Beseitigung der Abfallstoffe, Mittel und Apparate zur Desinfection, Gebäude und deren Einrichtung für Beleuchtung, Lüftung, Heizung, Wasserversorgung, Entwässerung u. s. w. zu untersuchen, aus seiner Berufsthätigkeit auch praktische Erfahrungen zur Seite, und zwar zum Theil praktische Erfahrungen, deren Kenntnis dem Bauverständigen (Architekt, Ingenieur, Gesundheitstechniker) abgehen kann, wenn er nicht — abweichend von dem, was Brauch ist — selbst solche Untersuchungen macht.

Auch das Lüftungswesen ist von dem wechselnden Spiele fördernder und hemmender Einwirkungen nicht verschont geblieben. Kaum auf einem anderen Gebiete der Gesundheitstechnik hat das Interesse für den Gegenstand in gleichem Maasse eine Veränderlichkeit, das Vertrauen auf die Sache so viele Kursschwankungen erfahren. Unklarheit über die zu stellenden Ansprüche, Mangel an Einsicht für die Grenzen des Könnens haben übertriebene Erwartungen und damit Hand in Hand Enttäuschungen gezeitigt, für welche Aerzte und Techniker gegenseitig sich verantwortlich machen.

Dem mit den Verhältnissen Vertrauten dürfte dies umsomehr befremdlich erscheinen, als die Lehre vom Luftwechsel schon vor 35 Jahren durch Pettenkofer in vortrefflicher Darstellung sachgemäss und eingehend begründet worden ist in drei bedeutsamen Arbeiten, welche zu dem Buche »Ueber den Luftwechsel in Wohngebäuden«[1]) zusammengefasst sind. Den hohen Werth dieser Arbeiten hat mir einmal ein geschätzter Forscher und Meister auf dem Gebiete der angewandten Physik mit den Worten treffend gekennzeichnet: Pettenkofer's Buch über den Luftwechsel ist an Beobachtungen und anregenden Gedanken so reich, dass uns zur Entfaltung eigener Ideen und Ermittelung neuer Thatsachen vom Arbeitsfelde eigentlich wenig übrig gelassen ist.

Schon seit nahezu 20 Jahren gilt das Werk im buchhändlerischen Verkehr als vergriffen. Dies mag mit dazu beigetragen haben, dass es im litterarischen Rüstzeug der Hygieniker und

---

1) München 1858, im Verlag von J. G. Cotta.

Gesundheitstechniker unserer Zeit den gebührenden Ehrenplatz nicht durchweg einnimmt, ja manchem Fachgenossen anscheinend nur aus Citaten bekannt ist. Wenn ich nun für den Beitrag zu einer Festgabe, welche die Schüler dem hochverehrten Lehrer und Meister zu seinem Ehrentage widmen, mir als Gegenstand einige Fragen aus der Lehre vom Luftwechsel wähle, so geschieht dies nicht zum wenigsten mit dem Wunsche, die Aufmerksamkeit der betheiligten Kreise neuerdings auf die grundlegenden Arbeiten Pettenkofer's zu lenken.

II. Aufgaben und Ziele des Luftwechsels.

Die Luft in geschlossenen Räumen, welche von Menschen benutzt werden, nimmt aus den Lebensvorgängen der Bewohner, aus den innerhalb enger und weiter Grenzen damit in Verbindung stehenden Einrichtungen und Veranstaltungen, aus Heizung und Beleuchtung u. s. w. fort und fort Verunreinigungen auf, Beimengungen in Gas- und Staubform. Zu den Mitteln, mit welchen die Beseitigung solcher Verunreinigungen anzustreben ist, rechnen wir den Luftwechsel. Dem Ziele der Herstellung und Erhaltung eines guten Reinlichkeitszustandes der Luft können wir aber nur dann näher kommen, wenn von der Ventilation nicht mehr erwartet wird, als sie zu leisten vermag. Nach Pettenkofer [1]) ist der Luftwechsel nur gegen die gasförmigen Verunreinigungen der Luft und zwar ausschliesslich gegen die in einer anderen Weise nicht zu beseitigenden Ausscheidungen von Lunge und Haut der Menschen zu richten: »Erst wo die Reinlichkeit durch rasche Entfernung oder sorgfältigen Verschluss luftverderbender Stoffe nichts mehr zu leisten vermag, beginnt das Feld für die Ventilation« ..... »Ohne durchgreifende Reinlichkeit helfen uns alle Ventilations-Vorrichtungen wenig, während eine strenge Handhabung der Reinlichkeit die Ventilation auf das Kräftigste unterstützt und zur Geltung bringt.« [2])

---

1) a. a. O., S. 72 u. f.

2) In ähnlichem Sinne hatte wohl auch C. H. Esse (Die Krankenhäuser, Berlin 1857, S. 25) auf Grund der im Charité-Krankenhause zu Berlin gemachten Erfahrungen sich dafür ausgesprochen, dass zur Erhaltung einer guten Luft in Krankenzimmern mehr als die beste Ventilation strenge Reinlichkeit und die Fürsorge wirken, alle übelriechenden Dinge so rasch als

Diese Begrenzung der Aufgabe des Luftwechsels hat lange Zeit bei Anlage und Betrieb von Krankenhäusern wenig Beachtung gefunden. Noch war die Annahme, dass die Krankheitsstoffe hauptsächlich durch die Luft verbreitet werden, und mit dieser Hand in Hand gehend die Erwartung maassgebend, dass die Ventilation eine Verminderung oder Beseitigung der Ansteckungsgefahr bewirke. Selbst die Mahnrufe von Semmelweis brachten noch keinen Wandel. Erst die Erfolge der Wundbehandlung nach Lister haben den Aerzten nach und nach die Augen dafür öffnen können, dass es besser sei, sich in den Krankenhäusern und überhaupt im Kampfe mit den Infectionserregern auf die Hilfe des Luftwechsels nicht zu verlassen.

Die Vorstellung vom Wesen der Krankheitsursachen hat sich geändert, die Einrichtungen und Maassnahmen zum Gesundheitsschutz werden nunmehr mit Vorliebe auf bacteriologischer Erkenntnis begründet, und dennoch sind die Ansprüche an den Luftwechsel heute im wesentlichen keine anderen geworden, als sie Pettenkofer zu einer Zeit aufgestellt hat, wo der Glaube an die gasförmige Beschaffenheit der Ansteckungsstoffe der vorherrschende war.

Zwar konnte es anfänglich den Anschein haben, dass die von Pettenkofer versuchte Begrenzung der Aufgabe des Luftwechsels in die neue Zeit, in welcher die Bacteriologie die Führung in der Medicin übernahm, nicht mehr hineinpassen wollte. Aber die Nachprüfung dieser Frage, mit der sich u. a. A. Wernich[1]), R. Stern[2]), de Ruyter und L. Buchholz[3]) befasst haben, hat — im Grunde genommen — zu einem Ergeb-

möglich aus den Zimmern zu entfernen. Jedoch unterscheidet sich diese Stellungnahme von der Pettenkofer's wesentlich dadurch, dass Esse im grösseren Vertrauen auf die Reinlichkeit die Ansprüche an den Luftwechsel vernachlässigt und — wie es mich bedünken will — überhaupt wenig Verständnis für eine richtige Ventilationsanlage gehabt hat.

1) Vergl. Eulenberg's Vierteljahrsschrift N. F., Bd. XXXIII (1880); Volkmann's Sammlung klinischer Vorträge, Nr. 179 (1880) und Virchow's Archiv, Bd. 79 (1880) S. 424.

2) Zeitschrift f. Hygiene, Bd. VII (1889) S. 44.

3) Vergl. E. v. Bergmann, Klinisches Jahrbuch, Bd. I (1889) S. 154.

nisse geführt, das mit der Pettenkofer'schen Auffassung nicht in Widerspruch steht, vielmehr nur Anlass gab, die Ansprüche an die Reinlichkeit der mikroparasitären Lehre in entsprechender Weise anzupassen.

Alle die Beobachtungen über den Keimgehalt der Luft, die experimentellen Ermittelungen der Bedingungen, unter welchen Bacterienkeime aus ihren Ursprungsstätten, von feuchten und trockenen Gegenständen u. s. w. sich loslösen und an die Luft übergehen, die Nachweisungen über das Verhalten der pathogenen Bacterien gegen das Austrocknen, die Versuche über Einwirkung der Ventilation auf den Keimgehalt der Luft, der Umfassungen und Gegenstände in Wohn- und Krankenräumen, — sie haben uns sammt und sonders nur in dem Verlangen bestärken können, dass man in den von Menschen benützten Räumen die Mikroparasiten mit der Reinlichkeit und nicht mit der Ventilation zu bekämpfen hat. Ich darf daher auch heute noch es für ein naives Begehren halten, die in die Luft gerathenden Mikroorganismen aus den Krankenräumen mit Hilfe der Ventilation hinausblasen zu wollen.[1])

Und wenn auch in der Litteratur ab und an Erfahrungen mitgetheilt worden sind, wonach bei einzelnen Krankheitsformen, wie Rückfallfieber und Flecktyphus, ein reichlicher Luftwechsel sich als Mittel zum Schutze gegen die Uebertragung der Infection bewährt habe, so dürfte dies uns nicht mehr dazu bestimmen, den Ventilationsbedarf nach Maassgabe der Ansteckungsgefahr festzustellen, da es heutzutage doch sicherere und minder kostspielige Wege zur Verhütung der Infection gibt. Nach A. Wernich[2]) ist das erweiterte Luftprogramm, wie es Morin[3]) und Andere aufzustellen versucht haben, nichts mehr als das Eingeständnis einer Nothlage, die mit dem Moment begann, als der Lufterneuerung Wirkungen zugetraut und abverlangt wurden, die ihr gar nicht

1) G. Wolffhügel, Ueber die Prüfung von Ventilations-Apparaten, Habilitationsschrift, München 1876, S. 7 u. f.; vergl. auch Zeitschrift für Biologie, Bd. XII (1876) S. 615 u. f.

2) Vortrag in Volkmann's Sammlung, Nr. 179, S. 13.

3) Morin, Manuel pratique du chauffage etc., Paris 1868, S. 38.

zukommen. Wie an anderer Stelle[1]) schon des Näheren ausgesprochen, theile ich diese Auffassung, — wenn es mir auch immerhin gerechtfertigt erscheint, bei Neuanlage eines Krankenhauses die Möglichkeit einer zeitweiligen Steigerung des Luftwechsels in der Ventilations-Einrichtung vorzusehen.

Entsprechend ihrer geschichtlichen Entwickelung und der Beziehung zur Lehre von der Fäulnis und Gärung war bei Lister's Methode der antiseptischen Behandlung anfänglich in dem Bestreben, die Wunde vor den von aussen an sie herankommenden Keimen zu bewahren, der Schwerpunkt auf die Verhütung des Uebertragens der Mikroparasiten durch die Luft gelegt worden.[2]) In der Folge hat einestheils die von R. Koch angebahnte Erkenntnis, dass die Erreger der Wundkrankheiten specifischer Natur und die in der Luft zu findenden Keime in der Regel nur unschuldige Schimmel-, Hefe- oder Spaltpilze sind, anderntheils die praktische Erfahrung der Wundbehandlung mehr und mehr zu der Ueberzeugung gedrängt, dass unter den gewöhnlichen Verhältnissen eine Vermittelung der Infection durch die Luft so gut wie gar nicht stattfindet, vielmehr die Uebertragung zumeist nur durch Berührung mit infectiösem Material bewirkt wird.[3])

Der Einsicht dafür, dass die »Contactinfection« mehr wie die »Luftinfection« zu fürchten sei, verdanken Chirurgie und Geburtshilfe ihre grossartigen Heilerfolge, Leistungen von hervorragender gesundheitswirthschaftlicher Bedeutung, durch welche nicht nur die Zahl der Verluste an Menschenleben, sondern auch der zeitliche Verlauf der Wundheilung erheblich herabgesetzt ist. Und doch wäre es verfehlt, aus dieser Thatsache den Schluss ziehen zu wollen, dass das hergebrachte Bestreben, Krankenhäuser

---

1) a. a. O., S. 16 u. 17; Deutscher Medicinalkalender (C. Martius) 1877, S. 119.

2) Vergl. Grossheim, Deutsche Vierteljahrsschrift f. öffentl. Gesundheitspflege, Bd. VIII (1876) S. 434; C. Schimmelbusch, Die aseptische Wundbehandlung, 2. Aufl., Berlin 1893, S. 5.

3) Vergl. E. v. Bergmann, Klinisches Jahrbuch Bd. I (1889) S. 155; H. Fritsch, ebendaselbst, S. 256; Schönborn, Klinisches Jahrbuch Bd. III (1891) S. 257; C. Schimmelbusch a. a. O., S. 12.

mit möglichst guten Einrichtungen zur Sicherung einer befriedigenden Beschaffenheit der Luft zu versehen, nunmehr sich nicht weiter verlohne. Wir verlangen den Luftwechsel und die zu seiner Herstellung erforderlichen Anlagen, weil die Reinhaltung der Luft bewohnter Räume ein Lebensbedürfnis, eine allgemeine Lebensbedingung des Menschen ist, — ja wir werden auf die Lüftung von Räumen, in welchen Kranke sich aufhalten, besonders bedacht sein, weil im kranken Zustande der Mensch häufig ein dringenderes Verlangen nach frischer Luft hat, als wenn er gesund ist.

Wenn es auch ein vergebliches Mühen war und bleiben wird, an der Hand von statistischen Ermittelungen den Nutzen nachweisen zu wollen, welchen die Ventilation eines Krankenhauses in Hinsicht der Lebenserhaltung und Heilung verspricht, — es wird kein denkender Arzt den Werth der guten Luft als Mittel zur Unterstützung der Krankenbehandlung unterschätzen oder gar in Abrede stellen. Nur in Bezug auf die Frage, wie das Krankenzimmer gelüftet werden soll, mögen die Meinungen auseinander gehen.

Die Untersuchungen über den Keimgehalt der Luft in den von Menschen benutzten Räumen weisen nach, dass das Einzige, was man neben der Reinlichkeit zur Vermeidung der »Luftinfection« zu thun hat, die Verhütung übermässiger Staubaufwirbelung ist.[1]) Aus diesem Grunde ist es keineswegs gleichgiltig, wie gelüftet wird. Unregelmässigkeiten in der Luftbewegung, stossweise auftretende, stürmische und wirbelnde Luftströmungen, welche Staubtheilchen von Fussboden, Wänden und Gegenständen losreissen können, sind unbedingt auszuschliessen.

Wir dürfen deshalb der Auffassung mancher Krankenhausärzte, welchen nichts über das Oeffnen von Fenster und Thür geht, das Wort nicht reden, wenn es auch begreiflich erscheinen könnte, dass diese beim Gebrauch einer im Projecte viel versprechenden und warm empfohlenen Ventilationsanlage in ihren Erwartungen getäuscht, füglich glauben, zu einer solchen

1) Vergl. C. Schimmelbusch, a. a. O., S. 15.

Entsagung sich bekennen zu müssen. Unverantwortlich muss es uns aber erscheinen, wenn in einem Krankenhause, das mit einer centralisirten Ventilationsanlage ausgestattet ist, das grössere Vertrauen auf die Fensterlüftung dazu führt, dass ohne Rücksicht auf die gleichzeitige Thätigkeit der vorhandenen Zuluft- und Abluftcanäle die Fenster geöffnet werden. Nicht nur, dass in diesem Falle der Luftwechsel leicht ein stürmischer wird, — es kann dieses unstatthafte Vorgehen, wie die Erfahrung lehrt, auch eine Umkehr der Luftbewegung in der Ventilationsanlage zur Folge haben, so dass der Abluftcanal die Luftzufuhr übernimmt. Mit anderen Worten, es kann so kommen, dass in das zu lüftende Zimmer auch die Abluft aus anderen, an den Sammelcanal angeschlossenen Räumen, zum Theil vermengt mit den in den Abluftwegen vorhandenen Staubniederschlägen einströmt. Es widerspricht ein solcher Betrieb dem, namentlich bei der Ventilation von Krankenanstalten bedeutsamen, wichtigen Grundsatze der Lehre vom Luftwechsel, dass die einzelnen Räume in Bezug auf die Lüftung, soweit wie thunlich, ganz unabhängig von einander gestellt sein müssen.

Ich kann es daher auch nicht gutheissen, wenn das Programm für die Lüftung eines Krankenhauses das Bedürfnis einer zeitweilig erforderlichen Mehrleistung, wie solches z. B. nach dem Gebrauch der Bettschüssel und ähnlichen übelriechenden Vorgängen hervortritt, auf das Oeffnen der Fenster verweist. Auch dieser vorübergehend gesteigerte Luftwechsel darf sich nicht anders als in gleichmässigem Gange vollziehen und muss frei von Zugerscheinungen sein.

Schon die Rücksicht auf die Bewohner verlangt, dass der Luftwechsel in geregelter Weise, im Winter unter Vorwärmung der von aussen eintretenden Luft stattfindet und in keinem Falle stürmisch oder stossweise und auf falschen Wegen vor sich geht. Der Lüftungsvorgang darf nicht als eine Belästigung empfunden werden oder gar zu der Besorgnis Anlass geben, dass er das Wohlbefinden gefährde. Es ist zwar richtig, dass der Mensch, wenn er sich daran gewöhnt hat, auch in Bezug auf Zugerscheinungen sozusagen einen Puff vertragen kann, — aber diese Thatsache berechtigt nicht dazu, von einem jeden Menschen und zumal vom Kranken vorauszusetzen, dass er durch Gewöhnung und Abhärtung gegen den Einfluss der einseitigen Entwärmung des Körpers gefeit sei. Wer an die nachtheiligen Wirkungen der Zugluft nicht glaubt, weil diese ihm selbst nichts thut, und daraufhin es für überflüssig erachtet, seine Mitmenschen davor zu bewahren, verfährt rücksichtslos. Aber fast noch mehr erscheint es mir tadelnswerth, wenn bei Herstellung der Ventilationsanlage einer Krankenanstalt nicht schon in den Vorarbeiten versucht wird, der Bedingung, dass die Lüftung zugfrei erfolgt, vollauf gerecht zu werden. Für die gedachte Forderung spricht aber auch entschieden die Thatsache, dass das Auftreten von Zugerscheinungen gar nicht selten zum Vorwand gegen die Nutzbarmachung der Ventilations-Einrichtung genommen und so zum mächtigsten Hindernis für die Erhaltung eines erträglichen Zustandes der Luftbeschaffenheit wird. Am häufigsten haben wir auf Eisenbahnfahrten Gelegenheit, über diese Seite der Zugluft die unangenehmsten Erfahrungen zu machen.

Nur von Fall zu Fall wird man die Entscheidung darüber zu treffen im Stande sein, ob die Aufgabe der Sicherung eines allezeit befriedigenden Reinlichkeitszustandes der Luft ohne unser Zuthun durch die natürliche (»freiwillige«) Lüftung sich löst oder ob dieselbe die künstliche (»absichtliche«) Lüftung nöthig macht, d. h. eigens angelegte Luftwege, nach dem Freien führende Oeffnungen oder Canäle, mit oder ohne Vermehrung der Wirksamkeit der unter den gewöhnlichen Verhältnissen vorhandenen und auch der freiwilligen Lüftung dienstbaren Bewegungsursachen (Wind, Wärmeunterschied, Diffusionsbestreben) oder zudem die Heranziehung anderer Betriebskräfte (Dampf, Wasser, Druckluft, Elektricität etc.) und besondere Vorrichtungen verlangt. Die rechnerischen Unterlagen zur Beantwortung dieser Frage ergeben sich einestheils aus dem beanspruchten Grad der Reinheit der Luft, aus der Anzahl und Beschaffenheit der Personen, welche den zu lüftenden Raum einnehmen, aus der Grösse und Bestimmung des letzteren, anderntheils aus den Erwartungen für den Betrag des freiwilligen Luftwechsels.

Pettenkofer's Untersuchungen über den Luftwechsel in Wohngebäuden haben die erste nähere Kenntnis davon erbracht, dass die Umschliessungskörper bewohnter Räume (Wände, Fussboden und Decke) wegen der Porosität der Baumaterialien und der in jedem Bau vorhandenen Spalten, Fugen und Ritzen für Luft und Wasser durchgängig sind und dass diese Eigenschaft nicht nur den Vorgang der natürlichen Ventilation, sondern auch Nebenwirkungen zu Stande kommen lässt, welche zum Theil auch für die künstliche Ventilation von grosser Bedeutung sind. Spätere Ermittelungen (H. Schultze und M. Märcker[1]), E. Schürmann[2]), C. Lang[3]) und namentlich die Arbeiten von G. Recknagel[4]) über die Theorie des natürlichen Luftwechsels haben zu einer abschliessenden Klarstellung des Gegenstandes und insbesondere zu der Begrenzung dessen geführt, was man sich von der natürlichen Lüftung versprechen darf.

Der Luftgehalt der Baumaterialien hat einen hohen Werth in Hinsicht des Wärmehaushaltes, die Durchlässigkeit der Umschliessungskörper ist von Bedeutung für die Regelung der Feuchtigkeitsverhältnisse. Die natürliche Ventilation verursacht die wenigsten Kosten, weil sie keinerlei Aufwendungen für die Beschaffung von Canälen und für die Herstellung der Luftbewegung verlangt; sie bewirkt, weil die Luft auf unzählige kleinste Querschnitte vertheilt und schon innerhalb der Umschliessungskörper den Wärmebedingungen des Raumes etwas angepasst einströmt, die Luftzufuhr zumeist unvermerkt und arbeitet unter den günstigsten Verhältnissen für die Vertheilung der Luft im Raume. Diesen Vorzügen der freiwilligen Lüftung stehen als grosse Nachtheile gegenüber einmal die verhältnismässig geringe Ergiebigkeit und die Abhängigkeit der Leistung von unbeständigen Bewegungsursachen sowie von der

---

1) Journal f. Landwirthschaft, 17. Jahrgang (1869) S. 224 und 18. Jahrgang (1870) S. 340, Landwirthschaftliche Jahrbücher, Bd. VI (1877) 1 Supplementheft, S. 1.

2) Dritter Jahresbericht der chem. Centralstelle f. öffentl. Gesundheitspflege zu Dresden, 1874, S. 45.

3) Zeitschrift f. Biologie, Bd. XI (1875) S. 313.

4) Sitzungsbericht d. Kgl. bayer. Akademie d. Wissenschaften v. 6. Juli 1876, Zeitschrift f Biologie, Bd. XV (1879) S 1.

Beschaffenheit (namentlich auch dem Wassergehalt) der den Luftwechsel vermittelnden Wände etc. und, da die Luft nicht nur aus dem Freien sondern auch aus benachbarten Räumen zuströmt, eine zum Theil zweifelhafte Herkunft der Frischluft. Ausnahmsweise mögen die Umschliessungskörper selbst zur Verunreinigung der Luft beitragen, indem sie, wie das z. B. R. Emmerich[1]) für die Zwichendecken nachgewiesen, Unrath enthalten und zur Brutstätte von Mikroorganismen werden; für eine Vermehrung der letzteren in und auf den Wänden sind nach E. Esmarch[2]) die Bedingungen im Allgemeinen nicht günstig.

Dem Bedenken gegen den natürlichen Luftwechsel, dass in ihm für eine gute Beschaffenheit der Zuluft die zu erfordernde Gewähr nicht zu finden ist, haben im weiteren die Beobachtungen über die Beziehung der Luft im Boden zu der menschlichen Wohnung (Forster[3]), Fodor[4]), Renk[5]), die Erfahrungen und experimentellen Ermittelungen über die Verbreitungsweise und Bewegungsrichtung des aus der Leitung infolge von Rohrbrüchen im Strassenkörper oder aus undichten Stellen (Kugelgelenken, Stopfbüchsen etc.) im Hause austretenden Leuchtgases (Pettenkofer[6]), Welitschkowsky[7]), Emmerich[8]), Wolffhügel[9]) einen besonderen Nachdruck verliehen.

Unter den Nachtheilen der natürlichen Ventilation gewinnt aber allein schon die Unzuverlässigkeit der Leistung eine

1) Zeitschrift f. Biologie, Bd. XVIII (1882) S. 357, Archiv f. Hygiene, Bd. II (1884) S. 117; vergl. auch Utpadel, Archiv f. Hygiene, Bd. VI (1887) S. 359.

2) Zeitschrift f. Hygiene, Bd. II (1887) S. 493.

3) Zeitschrift f. Biologie, Bd. XI (1875) S. 392.

4) J. Fodor, die Luft und ihre Beziehungen zu den epidemischen Krankheiten, Braunschweig 1881, S. 64.

5) Versammlung Deutscher Naturforscher und Aerzte, Salzburg 1881, Tageblatt S. 193.

6) M. v. Pettenkofer, Populäre Vorträge, Braunschweig 1872, Heft 1, S. 87—93 und 111—115; Nord und Süd Bd. XXVIII, Heft 82 (1884) S. 31.

7) Archiv f. Hygiene, Bd. I (1883) S. 210.

8) Dritter und vierter Jahresbericht der Untersuchungsstation des Münchener hygienischen Instituts. München 1885, S. 120.

9) Sechster Internationaler Congress für Hygiene und Demographie, Wien 1887, Heft 6, S. 23.

ausschlaggebende Bedeutung.[1]) Wo es sich um die Beschaffung einer Lüftung handelt, bei welcher ohne Unterschied der Tages- und Jahreszeit ein gleichmässiger Gang und uneingeschränkter Betrag des Luftwechsels sicher gestellt und möglichst die Zuströmung von Luft aus benachbarten Räumen verhütet sein muss, ist die natürliche Ventilation nicht am Platze. Ich kann es daher nur als vortheilhaft ansehen, dass in Krankenräumen auf die Mitwirkung der freiwilligen Lüftung durch Herstellen eines undurchlässigen Fussbodens und Anstreichen der Wände mit Oelfarbe verzichtet wird, was ja ohne Nachtheil geschehen kann, sobald für ausreichenden Luftwechsel und gute Wärmevertheilung auf andere Art Sorge getragen ist.

In gleicher Weise wie bei den zu lüftenden Räumen macht sich bei der künstlichen Ventilation und der Heizung der Vorgang des Eindringens von Luft durch undichte Umschliessungen auch an den Ventilationscanälen, Staubablagerungs-, Heiz- und Mischkammern geltend. Es kommen hierdurch recht lästige Nebenwirkungen (Verunreinigung der Frischluft, Herabsetzung der Wirksamkeit des sogenannten Zugs der Ventilationscanäle sowie der Schornsteine etc.) zu Stande, wenn nicht mit grösster Sorgfalt die Wände dieser Luftwege und der Schornsteine abgedichtet und in gutem Zustande gehalten werden. Wir haben Ursache, es zu beklagen, dass die Gesundheitstechnik in Theorie und Praxis dem grossen Nachtheil der Durchlässigkeit der Baumaterialien bezw. des Mauerwerks etc. wenig oder wenigstens nicht in dem Maasse, wie es das Interesse der Sache verlangt, Beachtung schenkt. Für uns ist diese Unterlassung eigentlich schwer zu verstehen, da doch Péclet[2]) des in Rede stehenden Gesichtspunktes bei Besprechung des Seitendrucks in den Essen und der Erfahrung

---

1) Gewiss mit Unrecht ist Pettenkofer dafür verantwortlich gemacht worden, dass man eine Zeit lang den Nutzen, welchen die freiwillige Lüftung bringt, infolge von übertriebenen Erwartungen an die quantitative Leistung überschätzt hatte. (Vergl. Pettenkofer, Luftwechsel in Wohngebäuden, S. 104 und 122).

2) Péclet, die Wärme und ihre Anwendung in der Kunst und den Gewerben, deutsch von C. Hartmann. Leipzig 1860 und 1862, Bd. I, S. 173 und Bd. III S. 154 und 155.

von Commissionen französischer Behörden zur Untersuchung der Ventilation in Gefängnissen gedacht hat, da Pettenkofer[1]) und seine Schüler seit Jahren auf Grund der eigenen Ermittelungen in Schrift und Wort die Nothwendigkeit des Auschliessens der Durchlässigkeit betont haben, da endlich auch jede Prüfung einer Lüftungsanlage in greifbarer Weise stets auf's Neue und zum Theil in wechselndem Bilde die aus der Vernachlässigung des gedachten Anspruches der Hygiene hervortretenden Uebelstände vor Augen führt.

Bei der künstlichen Ventilation werden als Mittel zur Luftbewegung entweder die Erwärmung bezw. Abkühlung der Innenluft oder Druck- bezw. Saugvorrichtungen (Schraubenventilatoren, Strahlapparate, Windkappen etc.) angewandt. Man unterscheidet nach Maassgabe der durch die Bewegungsursache in dem zu lüftenden Raume gesetzten Erhöhung oder Verminderung des Luftdrucks die verschiedenen Arten von Ventilations-Einrichtungen in Druck- und Sauglüftungen. Die auf Erwärmung der Abluft beruhenden Anlagen werden so, wenn auch nicht im Sinne der physikalischen Grundlage des Bewegungsvorganges, zu den Sauglüftungen gerechnet. Es ist kein Zweifel, dass diese Bezeichnung wie auch der in der Ventilationstechnik übliche und dem volksthümlichen Sprachgebrauch entlehnte Ausdruck »Zug« für die Wirkung des Schornsteins und des Abzugschlotes (»Zugesse«) schon manche nachtheilige Begriffsverwirrung angerichtet hat. Gegen letztere ist Pettenkofer[2]) zu Felde gezogen, nachdem schon lange vor ihm Benjamin Franklin[3]) den Bewegungsvorgang im Schornstein richtig gedeutet hatte.

Bei Ventilationsanlagen, in welchen auf die Beseitigung der Abluft — sei es durch Anwendung einer Saugvorrichtung, (Schraubenventilator, Strahlapparat u. dergl.) oder durch Herstellung geeigneter Bedingungen für den Wärmeauftrieb — der Schwerpunkt gelegt ist, darf selbst im Falle des Ausschliessens

---

1) a. a. O., S. 113 und 123; vergl. auch F. Renk, Gesundheitsingenieur 1886, S. 3.

2) a. a. O., S. 116.

3) The works of Dr. Benjamin Franklin, London 1806, Bd. II, 258.

der Durchlässigkeit des Mauerwerks der Wände nicht erwartet werden, dass sich der Bedarf an Frischluft allein durch eine Zuströmung aus dem Freien deckt. Von Pettenkofer[1]) wird es als ein grosser Uebelstand derartiger Ventilations-Einrichtungen bezeichnet, dass man nicht im mindesten die Zuströmung der frischen Luft in seiner Gewalt hat, da die Luft durch alle wo immer vorhandenen Oeffnungen nach dem zu ventilirenden Raume hinzuströme. Später hat G. Recknagel[2]) diese Stellungnahme noch mit mehr Nachdruck vertreten.

Die Anordnung, dass die Abluft aus mehreren Räumen in einem Sammelcanal vereinigt dem Abzugsschlot zugeleitet wird, hält Pettenkofer[3]), falls die Anlage mit einer ununterbrochenen Heizung nicht in Verbindung steht, geradezu für schädlich und irrationell, weil da Fälle eintreten, in denen sich die Bewegung umkehrt, so dass sich die Abluft von einem Saal in den anderen entleeren kann, wie die Beobachtungen im allgemeinen Krankenhause zu München u. s. w. sattsam beweisen. »Canäle, in denen eine Luft strömt, welche möglicher Weise schädliche oder durch Zersetzung schädlich werdende Stoffe ablagern könnte, sind bei Umdrehungen der Strömung doppelt gefährlich, weil sie bei verkehrtem Zug längst abgelagerte Theile davon wieder in die Säle führen können.«

Es wäre eine grosse Täuschung, wollte man glauben, dass die Erfahrungen Pettenkofer's und das an deren Mittheilung geknüpfte abfällige Urtheil nur für die Leistungen der Ventilationstechnik einer um drei Jahrzehnte hinter uns liegenden Zeit Geltung habe. Aus den eigenen Ermittelungen weiss ich zu berichten, dass wir heutzutage noch um Nichts besser daran sind. Werden doch trotz der Mahnungen Pettenkofer's fort und fort Ventilationsanlagen mit einem für sämmtliche der Lüftung unterstellten Räume gemeinsamen Abzugsschlot gebaut und zumeist ohne

---

1) a. a. O., S. 122.

2) Vergl. P. Boerner's Deutsches Wochenblatt f. Gesundheitspflege u. Rettungswesen, 1. Jahrgang (1884) S. 142; Deutsche Vierteljahrsschrift f. öffentl. Gesundheitspflege, Bd. XVII (1885) S. 82.

3) a. a. O., S. 116 und 123.

jede Sicherheit dafür, dass unausgesetzt der zur Wirkung der Esse erforderliche Wärmeunterschied vorhanden ist, in Betrieb gegeben. Die Vorliebe für Einrichtungen, bei welchen die Ableitung der Luft centralisirt ist, muss eine sehr mächtige sein, denn auch die Bauverwaltung in Staat und Gemeinde hat sich durch die ungünstigen Erfahrungen Anderer nicht davon abhalten lassen, Anlagen der gedachten Art und diese selbst mit der Besonderheit auszuführen, dass die Abluft von mehr als einem Gebäude durch Vermittelung unterirdischer Canäle nach der gemeinsamen Esse hin zusammengeführt wird, welche Anordnung naturgemäss noch weniger gute Erwartungen zulässt und die Kosten von Anlage und Betrieb wesentlich vermehrt.

Ich habe in einer Anzahl von Fällen (zur Winterszeit) Gelegenheit gehabt, den gedachten Vorgang des Umkehrens der Luftbewegung zu beobachten. Dabei ist die Erscheinung ohne Unterschied, ob die Wandcanäle an- oder absteigend bezw. die Sammelcanäle auf dem Dachboden oder in der Kellerdecke angeordnet waren, hervorgetreten, sobald die Bedingungen dafür vorhanden waren. Das Zustandekommen der verkehrten Luftströmung kann durch mancherlei Umstände begünstigt werden, z. B. durch ungeeignete Querschnittsverhältnisse und Wärmebedingungen der Wandcanäle und des Sammelcanals, unberufene Eingriffe (Oeffnen der Fenster u. dergl.), ungleichartige Benützung der Räume bezw. Stockwerke und daraus folgende Unterschiede im Wärmezustand, Saugwirkung des Windes an den Eintrittsstellen der Frischluft.

In Ventilationsanlagen der in Rede stehenden Art wird die Luftbewegung dadurch eingeleitet und unterhalten, dass die kältere Aussenluft die wärmere Innenluft infolge des Gewichts- bezw. Druckunterschieds verdrängt. Dieser Vorgang kann aber nicht voll zur Geltung kommen, weil die Abluft auf Umwegen über Dach geführt wird und zum Theil die Anordnung der Canäle (in nahezu wagerechter Lage und unter ungeeigneten Wärmebedingungen) eine ungünstige ist. Es werden daher schon geringfügige Ursachen die Umkehr der Luftbewegung herbeizuführen im Stande sein, sobald nur infolge Eintretens von wärmerem Wetter die

Temperaturdifferenz gering uud der Verlust an bewegender Kraft nicht durch eine stärkere Erwärmung der Abluft in der Esse beglichen wird. Das Letztere ist aber dort, wo in der zumeist üblichen Weise zur Beheizung des Abzugsschlots nur die Abhitze des Rauchrohrs der Heizanlage dient, am wenigsten zu erwarten, weil eben das Bedürfnis zu heizen allemal dann am geringsten sein wird, wenn es am meisten Noth thut, der Luft in der Esse behufs Vermehrung des Auftriebs eine höhere Temperatur zu geben.

Gerade dieses durchaus entgegengesetzte Verhalten der Ansprüche, welches nach und nach zur Einsicht der Nothwendigkeit der von Pettenkofer[1]) auf's wärmste empfohlenen Trennung der Anlagen für Heizung und Lüftung geführt hat, spricht auch im Allgemeinen mehr oder weniger zu Ungunsten jeder Lüftungsanlage, die auf der Anwendung des Wärmeunterschieds als Betriebsmittel beruht. Ich bekenne mich auf Grund der eigenen Erfahrungen zu dem Standpunkte Pettenkofer's[2]), welcher in Bestätigung der Beobachtungen von Grassi[3]), die Ventilationsanlagen mit Zugesse für wenig geeignet erachtet zur Lüftung von Räumen, die zu täglichem, fortgesetztem Aufenthalte dienen, vielmehr zur Lüftung von Gebäuden, die einer regelmässigen künstlichen Ventilation bedürfen (wie Krankenhäuser, Kasernen, Gefängnisse und auch Schulen), das Eintreiben der Luft mittels Druckvorrichtungen für das beste Mittel hält. Bei der Drucklüftung ist es eher möglich, dem wechselnden Bedarf

---

1) a. a. O., S. 61. »So lange es Princip war, Heizung und Ventilation, die unter sich keine principielle Abhängigkeit haben, stets fest an einander zu schmieden, oder die eine Function von der andern abhängig zu machen, so lange konnte sich namentlich die Ventilation nicht frei entwickeln, welche gewöhnlich von der Heizung in's Schlepptau genommen werden sollte. Das wäre nur dann heilsam gewesen, wenn das Bedürfnis der Ventilation und Beheizung stets Eines mit dem Andern gleichmässig zu- und abnehmen würde; das ist aber gerade nicht der Fall, denn während das Luftbedürfnis Jahr aus Jahr ein unter den verschiedensten Zuständen der Atmosphäre so ziemlich das gleiche bleibt, wechselt das Bedürfnis der Heizung in dem verschiedensten Maasse.«

2) a. a. O., S. 58, 123 und 124.

3) Annales d'hygiène publique et de la médecine légale, 2me Série, (1857), t. VII.

entsprechend ab- und zuzugeben, dieselbe gestattet, die Frischluft mit grösserer Geschwindigkeit eintreten zu lassen, also die Luftzufuhr ergiebiger zu gestalten, ohne dass es dabei zu einer Belästigung durch Zugluft kommt[1]).

Dem Lüftungstechniker kann es, wie ich meine, nichts Neues sein, dass im Betriebe einer Anlage die Luft zeitweise auch einmal einen andern Weg nimmt, als den, welcher ihr in der Bauzeichnung des Projectes mit Pfeilen angewiesen war, aber wenig bekannt scheint ihm zu sein, dass auf die Verhütung des Zurückströmens der Abluft bezw. der Einführung der Luft durch die Abluftcanäle von der Gesundheitslehre grösster Werth gelegt wird. Dass diesem wohlberechtigten Anspruch thatsächlich wenig Beachtung geschenkt wird, geht nicht nur aus der Häufigkeit des Vorkommens der Erscheinung, sondern auch daraus hervor, dass selbst in Preisbewerbungen für mustergiltige Anlagen der naive Vorschlag gemacht wird, in ein- und derselben Ventilationsanlage je nach dem in den verschiedenen Jahreszeiten wechselnden Bedarf die Abluftcanäle zeitweise für die Zuleitung der Frischluft zu benützen.[2])

Wohl werden die Vertheidiger der Zugesse und sonstigen auf Erwärmung der Abluft berechneten Anlagen uns entgegenhalten, dass vielleicht weniger die bauliche Anordnung als ein Fehler im Betrieb an den von uns beklagten Vorkommnissen Schuld war. Damit kann aber weder unser grundsätzliches Bedenken zurückgewiesen noch der Erbauer der Ventilations-Einrichtung entlastet werden. Man wird doch vom Lüftungstechniker erwarten dürfen, dass er mit den häufigsten Ursachen der Betriebsfehler und mächtigsten Feinden seiner Werke, ich meine mit

1) Vergl. H. Rietschel, die Heizung und Lüftung der Schulen, Berlin 1885.

2) Die gleiche Zurückweisung müssen wir aber auch noch jenen Anlagen zu Theil werden lassen, in welchen die Abluftcanäle frei im Dachboden münden. Bei denselben kommen rückläufige Bewegungen ebenfalls vor und können bei diesem Vorgange — wie ich mich aus einem von mir beobachteten Falle zu erinnern weiss — selbst aus entfernt gelegenen Theilen des Gebäudes Verunreinigungen in den zu lüftenden Raum gelangen. Gegen die gedachte Anordnung lässt sich überdies auch aus baulichen und feuerpolizeilichen Rücksichten Einsprache erheben.

Unverstand und Nachlässigkeit der Menschen, einigermaassen zu rechnen versteht, wie er ja auch darauf rücksichtigen muss, dass Wind und Wetter der Wirkung des Wärmeunterschiedes zeitweilig störend im Wege sind.

Auf Grund der vorstehenden Betrachtungen haben wir, wie ich glaube, vom Standpunkte der Hygiene aus auf eine Vereinfachung der Ventilationsanlagen, sowohl was die Zuleitung als auch was die Ableitung der Luft anlangt, mit Entschiedenheit zu dringen. Man braucht dabei nicht gleich an das andere Extrem zu denken und eine unmittelbare Verbindung der Innenluft mit der Aussenluft durch Herstellen von Oeffnungen in der nach dem Freien gerichteten Wand sowohl für die Zuluft als auch für die Abluft zu verlangen. Auch der unmittelbaren Zu- und Ableitung der Luft haften Mängel an, indess ergibt doch die vergleichende Betrachtung, dass die daraus zu erwartenden Uebelstände zum wenigsten nicht grösser sind als die Nachtheile einer Anordnung, bei der »die Luft auf complicirten und kostspieligen Wegen im Hause spazieren geführt« wird. Es bleibt Sache der Lüftungstechnik ausfindig zu machen, in welcher Weise die Einführung der Frischluft und Beseitigung der Abluft auf kürzerem Wege erreichbar ist, und steht zu erwarten, dass sie bei einigem guten Willen es fertig bringen wird, die Mängel, die bei der aus hygienischen und wirthschaftlichen Erwägungen sich empfehlenden, einfacheren Anordnung mit in Kauf zu nehmen sind, auf ein erträgliches Maass herabzusetzen.[1])

Namentlich erachte ich eine Vereinfachung der Lüftungsanlagen bei Krankenhaus-Neubauten für dringend geboten. Ich bin überzeugt, dass sich hierbei all' den allgemeinen und besonderen Ansprüchen — wie der vollständigen Deckung des Ventilationsbedarfs durch Zuströmung einer unterwegs nicht verunreinigten Frischluft, der Vorwärmung der letzteren im Winter, der zugfreien gleichmässigen Lüftung, der Verhütung der Umkehr

1) Pettenkofer weist mit Recht darauf hin, dass man bei kürzesten Luftwegen, schon weil diese der Reinlichkeit leichter zugänglich seien, die rückläufige Bewegung der Luft weniger zu besorgen habe. (Vergl. a. a. O., S. 114 und 116).

des Luftstroms, der Unabhängigkeit der Lüftung des einzelnen Raumes von der Umgebung (vom Flur und von benachbarten Räumen) u. s. w. — wird zum mindesten ebensogut Rechnung tragen lassen, wie bei den centralisirten Lüftungsanlagen. Fast möchte ich meinen, dass bei den grossen Hospitalbauten des letzten Jahrzehnts die Einrichtungen für Heizung und Lüftung einen zu grossen, (d. h. einen nicht im richtigen Verhältnisse zu dem erbrachten Nutzen stehenden) Bruchtheil von den verfügbaren Mitteln in Anspruch genommen und zugleich — was das grössere Uebel ist — die Betriebskosten der Krankenanstalten in's Ungeheuerliche vermehrt haben. Wohl rede ich, überzeugt vom Werthe solcher gesundheitstechnischen Einrichtungen, gern dem Wunsche das Wort, dass man für Krankenhaus-Neubauten von dem, was die Heizungs- und Lüftungstechnik derzeit zu bieten vermag, das Beste nehme. Aber das, was sich von Fall zu Fall bei der Auswahl der Vorschläge als das Beste ausfindig machen lässt, braucht nicht allemal auch das Theuerste zu sein, zumal da die gesundheitswirthschaftliche Betrachtung zu der Ueberlegung drängen muss, ob es nicht nutzbringender sei, von den verfügbaren Mitteln, soweit wie thunlich, etwas einzusparen, was man dem humanitären Zwecke des Baues bezw. Betriebes eines Krankenhauses auf eine geeignetere Weise zu gute kommen lassen könnte.

Ich bin aber, wenn ich hier für die Vereinfachung unserer Lüftungsanlagen eintrete, weit entfernt, auf die Einheitlichkeit der Anordnung verzichten zu wollen, deren wir meines Erachtens nie entrathen können. Wenn die Ventilations-Einrichtungen der Krankenanstalten dadurch, dass der Luftwechsel ungenügend oder bisweilen auch allzu reichlich ausfällt, zu wünschen übrig lassen, so trägt hieran, wie ich meinen möchte, auch das derzeit von den Aerzten unterstützte Verlangen mit die Schuld, dass die Krankenräume, um für alle Fälle gerüstet zu sein, zum Zweck der Lüftung mit einem kunterbunten Gemenge von allerhand Einrichtungen, wie Klappfenster, Dachreiter, Wasserstrahl- oder Schrauben-Ventilatoren u. dergl., neben den vornehmlich auf die Wirkung des Wärmeunterschieds berechneten Zuluft- und Abluftcanälen versehen werden. Ich für meinen Theil erblicke in diesem Vorgehen nicht nur ein Hindernis für die Fortbildung der Lüftungstechnik, vielmehr auch den besten Weg dafür, dass die Ventilation, anstatt eine Wohlthat zu sein, zum Fluch wird. Das Vielerlei der Vorrichtungen und namentlich der unverständige Gebrauch der Hilfsapparate führt oft genug dazu, dass mit der Lüftung Unfug getrieben, der Vorgang des Luftwechsels in Unordnung gebracht, die Luftbewegung in ihrer Richtung umgekehrt und zugleich der Betrag der Heizkosten unnütz gesteigert wird.

Zu dem, was des Guten zu viel ist, muss auch das Verlangen nach Vorrichtungen, welche die Abluft, bevor sie in's Freie gelangt, unschädlich machen sollen, gerechnet werden. Dasselbe ist als hinreichend begründet nicht anzuerkennen, vielmehr nur dazu angethan, dem Techniker die Aufgabe unnütz zu erschweren.

Endlich dürfte ein wohl berechtigter Anspruch auf das Entgegenkommen der Aerzte noch in der Richtung zu erheben sein, dass dieselben im Interesse der Reinhaltung der Luft sich bestreben, die Verwendung luftverderbender Arzneistoffe thunlichst einzuschränken[1]). In der Wundbehandlung hat man nach und nach gelernt, ohne Carbolsäure auszukommen. Wollen wir hoffen, dass die Zeit nicht mehr fern liegt, in der die fortschreitende Erkenntnis in der Chirurgie auch dem Gebrauche des Jodoforms und ähnlicher stark riechender Heilmittel Einhalt gebieten und enge Grenzen setzen wird.

1) Vergl. G. Wolffhügel, Ueber die Prüfung von Ventilations-Apparaten, S. 8.

III. Beurtheilung der Luft bewohnter Räume.

Von der Luft im Freien unterscheidet sich die Luft bewohnter Räume in der chemischen Zusammensetzung; ihr Sauerstoffgehalt ist etwas vermindert, der Gehalt an Kohlensäure, Wasserdampf und flüchtigen organischen Stoffen vermehrt. Letztere machen sich uns durch den Geruch bemerkbar und lassen die Zimmerluft verdorben erscheinen. Als die Ursache der nachtheiligen Wirkungen, welche man der Luft schlecht ventilirter Räume zuschreibt, betrachtet man die organischen Stoffe, weil nachweislich der Betrag der Sauerstoffverminderung und der Zunahme des Gehaltes an Kohlensäure und Wasser nicht so hoch ist, um daraus die Störungen des Wohlbefindens erklären zu können, welche der Aufenthalt in verdorbener Luft mit sich zu bringen scheint.

Die Beurtheilung der Zimmerluft müsste demnach eigentlich nach dem Gehalte an solchen flüchtigen organischen Stoffen geschehen. Von Pettenkofer[1]) ist aber der Kohlensäuregehalt vor den andern Bestandtheilen als Maassstab für die Luftverunreinigung durch die flüchtigen Ausscheidungen von Haut und Lunge bevorzugt worden, weil derselbe leicht und sicher zu bestimmen ist, im Freien nur geringe Schwankungen zeigt und in geschlossenen Räumen nicht durch Flächenwirkung und Absorption merklich beeinflusst wird, während der Wassergehalt im Freien grossen Schwankungen unterliegt und auch in Zimmern infolge des hygroskopischen Verhaltens der Umfassungen und Gegenstände stets Veränderungen erleidet, die unabhängig sind vom Einflusse der Bewohnung. Um nun auch eine zahlenmässige

1) a. a. O., S. 72 bis 80.

Unterlage für die Beurtheilung der Luft sowie die Berechnung des erforderlichen Luftwechsels, des Ventilationsbedarfs, zu erhalten, hat Pettenkofer im Weiteren mit Hilfe von vergleichenden Beobachtungen in gut und schlecht gelüfteten, schwach und dicht besetzten Räumen den Kohlensäuregehalt bestimmt, wie er der nach Maassgabe ihres Eindrucks als normal zu bezeichnenden Zimmerluft zukommt, und diesen als Grenzwerth festgestellt.

Wenn Pettenkofer in der Voraussetzung, dass die auf den Lebensvorgang des Menschen zurückzuführenden gasförmigen Beimengungen der Luft mit der Anzahl der Bewohner im Raum zu- oder abnehmen, an Stelle der organischen Stoffe die Kohlensäure zu bestimmen vorschlug, so geschah dies zu gutem Theil in Ermangelung einer geeigneten Methode zum quantitativen Nachweis dieser Riechstoffe. Seither ist zwar mehrfach schon der Anlauf dazu genommen worden, uns die Bestimmung der organischen Bestandtheile der Luft mittelst eines handlichen Verfahrens möglich zu machen. Man hat hierzu die zum Nachweis der organischen Substanzen im Wasser vorgeschlagenen Verfahren der Bestimmung des Albuminoid-Ammoniaks und der Oxydirbarkeit in einer für den gedachten Zweck angepassten Anordnung bereit zu stellen versucht. Namentlich ist die Chamäleonprobe u. A. von R. A. Smith[1]), Hammond[2]), W Baring[3]), J. Soyka[4]), Hermans[5]), Carnelley und Mackie[6]), Uffelmann[7]), Nékám[8]), Archarow[9]) angewandt und zum Theil in erneuter, angeblich verbesserter Ausgabe

1) R. A. Smith, Air and Rain, p. 436, vergl. E. A. Parkes, A Manual of practical Hygiene, 4. Auflage (1873) S. 100.

2) W. A. Hammond, a treatise on hygiene with special reference to the military service. Philadelphia 1863, S. 154.

3) Hannov. Zeitschrift f. Heilkunde 1867, S. 1.

4) Versammlung deutscher Naturforscher und Aerzte, München 1877, Amtlicher Bericht S. 349.

5) Archiv f. Hygiene, Bd. I (1883), S. 30.

6) Proceedings of the Royal society of London, Bd. 41 (1887), S. 238.

7) Archiv f. Hygiene, Bd. VIII (1888), S. 270.

8) Ebendaselbst Bd. XI (1890), S. 397.

9) Ebendaselbst Bd. XIII (1891), 235.

empfohlen worden, ungeachtet des auch schon von Baring ausgesprochenen grundsätzlichen Bedenkens.

Wie die organischen Stoffe im Wasser[1]) so stellen auch die gasförmigen organischen Luftbestandtheile ein in der Zusammensetzung wechselndes Gemenge der verschiedenartigsten chemischen Körper dar, welche nicht nur eine ungleiche hygienische Werthigkeit haben, sondern auch sehr verschiedene Mengen Kaliumpermanganat zu ihrer Oxydation in Anspruch nehmen, ohne im Sauerstoffverbrauch einen Ausdruck für ihre Gesundheitsschädlichkeit überhaupt oder den Grad derselben uns geben zu können. Die Chamäleonprobe vermag, da zumal auf sie auch anorganische Körper in gleicher Weise wie die organischen Stoffe reagiren, nur den unter den Bedingungen des Verfahrens stattgefundenen Sauerstoffverbrauch oxydirbarer Bestandtheile der Luft anzuzeigen, sie gibt damit keineswegs zugleich eine richtige Vorstellung davon, in welcher Menge solche Verunreinigungen in der Luft enthalten sind, weil die einen mehr, die andern weniger Sauerstoff für den Gewichts- oder Raumtheil zur Oxydation beanspruchen. Von diesem Grundübel kann aber die Methode durch eine Verfeinerung ihrer Ausführungsweise (z. B. durch Heranziehen des Spektroskops behufs besserer Unterscheidung der Endreaction, was Uffelmann empfiehlt,[2]) nie befreit werden. In dieser Richtung die Lösung der Aufgabe noch weiterhin anzustreben, ist meines Erachtens ein vergebliches Mühen und zwar ebenso sehr, als wenn man eine Flinte mit krummem Lauf durch Aufsetzen des feinen Dioptervisirs einer Scheibenbüchse treffsicher machen wollte.

Auf Grund vergleichender Beobachtungen meint Uffelmann[3]), dass es viel richtiger erscheine, als Index für die Verunreinigung der Luft die Menge der oxydablen organischen Materie bezw. die Menge des zu ihrer Oxydation erforderlichen Sauerstoffs anzusehen.

---

1) Vergl. G. Wolffhügel, Wasserversorgung, Leipzig 1882, S. 172 und Deutsche Vierteljahrsschrift f. öffentl. Gesundheitspflege Bd. XV (1883), S. 572.

2) Nékám (a. a. O, S. 406) sieht in der Farbe eine empfindlichere Reaction als im spektroskopischen Verhalten.

3) a a. O., S. 337.

Ich bin ausser Stande, diese Auffassung zu theilen, weil eine nennenswerthe Verbesserung mit dem Vorschlage der Einführung der Chamäleonprobe an Stelle der Bestimmung des Kohlensäuregehaltes nicht erzielt wird. Es wird damit, wie gesagt, die ersehnte directe Ermittelung der organischen Riechstoffe ebensowenig erreicht, und überdies enthalten die bis jetzt vorliegenden Untersuchungs-Ergebnisse nichts, was in überzeugender Weise zu einem Aufgeben des bisherigen Vorgehens drängen könnte.

Während Pettenkofer im Hinblick auf die unüberwindlichen Schwierigkeiten des experimentellen Nachweises sich damit begnügt hat, von der Wirkung einer schlechten Zimmerluft auf den menschlichen Organismus in einer Hypothese[1]) eine Vorstellung zu geben, haben Andere die Annahme, dass flüchtige organische Stoffe die Ursache der Unzuträglichkeit seien, einer experimentellen Prüfung zu unterziehen versucht. Die ersten Ermittelungen nach dieser Richtung werden Gavarret und Hammond zugeschrieben.[2]) Später war die Frage durch Untersuchungen, welche Seegen und Nowak[3]) über den Stoffwechsel der Thiere mit Hilfe des Regnault-Reiset'schen Respirationsapparats angestellt haben, vorübergehend gestreift worden. Im Gegensatz zu den Erfahrungen von Regnault und Reiset[4]) sowie von Pettenkofer und Voit waren diesen Beobachtern Versuchsthiere im Respirationsapparat erkrankt und zu Grunde gegangen. Dieses Vorkommnis sollte durch die Giftwirkung der eigenen Ausscheidungsproducte der Thiere verursacht gewesen sein, während Pettenkofer und Voit[5]) geneigt waren, dasselbe auf einen Chlorgehalt des Sauerstoffs zurückzuführen.

Erst J. Th. H. Hermans[6]), welcher auf Anregung und unter Leitung von J. Forster gearbeitet hat, liess dem Gegenstande

---

1) M. Pettenkofer, Ueber den Luftwechsel in Wohngebäuden, München 1858, S. 108 und Annalen der Chemie u. Pharmacie 1862, 2. Supplementband S. 5.

2) Vergl. E. A. Parkes, a. a. O., S. 115.

3) Pflüger's Archiv f. d. ges. Physiologie, Bd. XIX (1879), S. 387.

4) Annal. d. Chem. u. Pharm., Bd. 73 (1850), S. 320.

5) Zeitschrift f. Biologie, Bd. XVI (1880), S. 529.

6) Archiv f. Hygiene, Bd. I (1883), S. 1.

eingehendere Untersuchungen zu Theil worden. Diese waren einestheils auf den chemischen Nachweis der organischen Ausscheidungsproducte von Haut und Lunge mit der Elementaranalyse und der Chamäleonprobe, anderntheils auf die Ermittelung einer Giftwirkung derselben durch Versuche am Menschen gerichtet. Mit Hilfe der angewandten chemischen Methoden war in der dem Geruche und Kohlensäuregehalte nach stark verunreinigten Luft des Versuchsraums eine nennenswerthe Menge flüchtiger organischer Stoffe nicht nachweisbar.[1]) Auch sind nachtheilige Einwirkungen infolge des Aufenthaltes in einer solchen Luft nicht beobachtet worden, wohl aber hatte man beim Betreten des Raumes ein unangenehmes Gefühl empfunden, das übrigens bald sich verlor.[2])

Im Gegensatze zu diesen Versuchsergebnissen veröffentlichten Brown-Séquard und d'Arsonval[3]) in wiederholten Mittheilungen zahlreiche auf verschiedene Weise durchgeführte Thierversuche, in welchen durch Einverleibung des Condenswassers der von Menschen und Thieren ausgeathmeten Luft anscheinend eine Giftwirkung erzielt worden war. Diese Beobachtungen, welche die Gesundheitsschädlichkeit der Exspirationsluft zu erweisen schienen, fanden eine, wenn auch nicht beweiskräftige Stütze in Untersuchungen von Rob. Würtz[4]), welche auf die Darstellung des Leukomaïns der Exspirationsluft abzielten.

Der Werth dieser positiven Ergebnisse ist schon bald nach deren Bekanntgabe durch widersprechende Erfahrungen von Dastre und Loye[5]) in Zweifel gesetzt worden, die in Ermittelungen von Hofmann von Wellenhof[6]), Russo-Giliberti und Alessi[7]),

1) a. a. O., S. 30 u. 31.

2) a. a. O., S. 28 u. 32.

3) Comptes rendus, Bd. 106 (1888) S. 106, 165; Mémoires de la Société de Biologie, 1888, S. 90, 99, 108, 110.

4) Comptes rendus, Bd. 106 (1888), S. 213.

5) Mémoires de la Société de Biologie, 1888, S. 91.

6) Wiener klinische Wochenschrift, 1888, Nr. 37.

7) Bolletino della società d'igiene di Palermo 1888, Nr. 9.

Lehmann und Jessen[1]), Bretschneider[2]), Merkel[3]), Beu[4]) ihre Bestätigung fanden.

Ebensowenig haben Bemühungen, die angenommene Gesundheitsschädlichkeit der Hautausdünstungen experimentell nachzuweisen, zu einem befriedigenden Abschluss geführt. In den Versuchen von Hermans waren die Ausdünstungen von Personen mit reiner Haut und reinlicher Bekleidung, in den Beobachtungen von Lehmann und Jessen die Ausdünstungen eines in schmutziger Arbeitskleidung befindlichen schwitzenden Mannes ohne Nachtheil, wenn auch mit anfänglichem Empfinden von Ekel und Missbehagen, Stunden lang eingeathmet worden, Russo-Giliberti und Alessi hatten das Condenswasser einer in hohem Grade verdorbenen Schulluft Thieren unter die Haut eingespritzt, ohne dass diese krank wurden.

Brown-Séquard und d'Arsonval[5]) konnten sich übrigens noch auf Erfahrungen aus Versuchen mit anderer Anordnung berufen: In einer Reihe von luftdicht abschliessenden und durch Röhren mit einander verbundenen Käfigen befindet sich je ein Versuchsthier. Die Ventilation wird durch einen Aspirator bewirkt, so dass nur das Thier im ersten Käfig Frischluft erhält, während die übrigen Abluft aus dem vorhergehenden Käfig bekommen. Nach einiger Zeit (innerhalb 8 Tagen) gehen die in den letzten Käfigen befindlichen Thiere zu Grunde, und zwar zuerst das im letzten Käfig, dann das vorhergehende u. s. w. Diese Versuche sind von S. Merkel[6]) und von J. Beu[7]) nachgeprüft und in ihrem Ergebnisse bestätigt worden; die so behandelten Thiere gingen trotz einer im Uebrigen guten Pflege innerhalb 8½ bis 36 Stunden bezw. 9 Tagen ein.

---

1) Archiv f. Hygiene, Bd. X (1890), S. 367.

2) Rostocker Dissertation, vergl. Uffelmann's Jahresbericht d. Hygiene 1890, S. 36.

3) Archiv f. Hygiene, Bd. XV (1892), S. 1.

4) Zeitschrift f. Hygiene u. Infectionskrankheiten, Bd. XIV (1893), S. 64.

5) Comptes rendus, Bd. 108 (1889), S. 267.

6) Archiv f. Hygiene, Bd. XV (1892), S. 10.

7) Zeitschrift f. Hygiene und Infectionskrankheiten, Bd. XIV (1893), S. 71; vergl. auch K. B. Lehmann's Besprechung der Arbeit von Merkel in Hygienische Rundschau 1893, Nr. 3, S. 104.

Während nun Merkel, welcher unter Emmerich gearbeitet hat, mit Brown-Séquard und d'Arsonval auf Grund dieser Art von Versuchen die Giftwirkung der Ausathmungsluft für erwiesen hält, befleissigt sich Beu, ein Schüler Uffelmann's, einer grösseren Zurückhaltung im Verwerthen des Ergebnisses, indem er u. A. namentlich auf die Möglichkeit eines Versuchsfehlers durch die abnormen Bedingungen für den Wärmehaushalt der Thiere, insbesondere den hohen Wassergehalt, hinweist. Indess darf, wie ich meine, Beu für die Annahme einer Mitwirkung dieser Umstände doch nicht die Erfahrung in's Feld führen, dass das Versuchsthier am Leben zu erhalten war, wenn vor seinem Käfig eine Schwefelsäure enthaltende Absorptionsflasche eingeschaltet wurde, denn Merkel konnte den gleichen Erfolg auch durch Vorlegen von verdünnter Salzsäure erzielen. Dagegen können wir Beu darin beipflichten, wenn er beanstandet, dass Merkel die Wirkungen auf die ausgeathmete Luft allein bezieht, da doch daneben auch die Ausdünstungen von der Körperoberfläche und den Excrementen mit im Spiele waren.

Diesen experimentellen Ermittelungen werden wir die wohlverdiente Beachtung nicht versagen, dürfen indess denselben eine abschliessende Bedeutung im einen oder anderen Sinne nicht zuerkennen. Die Untersuchungen, in welchen die Nachweisung der aus den Ausscheidungen von Haut und Lunge an die Luft übergegangenen flüchtigen organischen Stoffe eine unbefriedigende war, enthalten zunächst nur die volle Bestätigung der alten, auch von Pettenkofer[1]) betonten Erfahrung, dass gegenüber derartigen flüchtigen Substanzen eben die Sinnesorgane des Menschen, insbesondere der Geruch, viel empfindlicher sind, als die feinsten chemischen Methoden. Wir haben keine Ursache, auf Grund solcher Ergebnisse, und wenn sie auch ganz und gar negativ ausfielen, das Vorhandensein einer Verunreinigung der Luft mit gasförmigen organischen Stoffen, die von dem Lebensprocess der Bewohner herrühren, in Abrede zu stellen, ebensowenig wie es statthaft wäre, an der Annahme zu zweifeln, dass eine nach

1) a. a. O., S. 72.

Moschus riechende Zimmerluft, wenn darin der Riechstoff auf chemischem Wege noch nicht nachweisbar ist, doch kleinste Theilchen von Moschus enthält.

Aber auch die ohne Erfolg ausgeführten Versuche zum Nachweis der Giftwirkung sind noch nicht dazu angethan, uns dazu zu bestimmen, dass wir mit den bisherigen Anschauungen brechen. Waren doch dieselben bislang in der Erwartung angestellt, dass die Einathmung der verdorbenen Luft oder die Einverleibung des Condenswassers derselben acute Störungen in augenfälliger Weise erbringe, während gerade auf die Annahme einer erst mit der Zeit sich ergebenden, schleichenden Giftwirkung der Erfahrung gemäss bei der Prüfung des Einflusses verdorbener Luft auf den menschlichen Körper das grössere Gewicht zu legen wäre. S. Merkel gibt den bisherigen Misserfolgen eine andere immerhin bemerkenswerthe Deutung. Die zur Gewinnung des Giftstoffs eingeschlagenen Verfahren (Erzeugen von Condensations-Niederschlägen, Aufnehmen in Säuren oder Alkalien) wären ungeeignet, weil die flüchtigen organischen Substanzen, welche die von gesunden Menschen und Thieren ausgeathmete Luft in äusserst geringer Menge enthält, ihrer Natur nach wahrscheinlich nur in flüchtigem Zustande eine giftige Base sind.

Pettenkofer[1]) hat sich über die Schädlichkeit der verdorbenen Zimmerluft mit den Worten geäussert: »Ich glaube nicht, dass schlechte Luft in den Wohnungen direct krank mache, oder besser ausgedrückt, sogleich specifische Krankheiten erzeuge, wie z. B. die Gifte; ich glaube mithin nicht, dass schlechte Luft geradezu ein Gift sei, sondern ich behaupte nur das, was von keiner einzigen Thatsache widersprochen und von allen unterstützt wird, nämlich, dass schlechte Zimmerluft die Widerstandsfähigkeit gegen jede Art von krankmachenden Agentien herabstimme und schwäche. Alle Einwürfe, welche man gegen die Bedeutung und die Wichtigkeit einer beständig reinen Luft machen und erdenken will, lassen sich von diesem Gesichtspunkte aus bescheiden.« Diese Auffassung wird in keiner Weise durch die mitgetheilten experimentellen Erfahrungen berührt. Ich für meinen

1) a. a. O., S. 108.

Theil halte es bei Beurtheilung der letzteren mit K. B. Lehmann, welcher seine den Angaben von Brown-Séquard und d'Arsonval widersprechenden Beobachtungen mit Worten bescheidener Zurückhaltung begleitet.[1]) Der Mensch scheidet wohl durch Haut und Lunge geringe Spuren gasförmiger organischer Stoffe ab welche vielleicht zu den flüchtigen Alkaloiden gehören mögen. Vorerst aber ist es nicht möglich über die chemische Natur oder über die Giftigkeit dieser Substanzen etwas Bestimmtes zu sagen.

Wenn nun auch die Erwartung der Pioniere auf diesem, der experimentellen Bearbeitung wenig zugänglichen Felde hiernach getäuscht erscheinen muss, so lässt sich doch nicht verkennen, dass die gemachten Anstrengungen in dankenswerther Weise das Verständnis für die Bedingungen der Reinhaltung der Luft in bewohnten Räumen gefördert haben.

Der geringe Erfolg im Aufsuchen der organischen Ausscheidungsstoffe in der Luft eines Raumes, welchen an sich und in der Kleidung reinliche Menschen bewohnen, hat naturgemäss dazu gedrängt, anderen Ursachen der Verschlechterung und anderen Eigenschaften der Luft, welche bisher nicht genug gewürdigt waren, mehr Beachtung zu schenken. Nach den Beobachtungen von Hermans[2]) hatte es den Anschein, dass im Allgemeinen eine Abgabe von flüchtigen organischen Stoffen an die Zimmerluft in nennenswerther Weise nur zu erwarten sei, wo bei einer mangel- oder fehlerhaften Verdauung im Darm und hauptsächlich infolge einer unzweckmässigen Ernährung Gase entwickelt oder wo die Abscheidungsproducte an der Körperoberfläche, also ausserhalb des Körpers (bei schmutziger Haut, unreinen Kleidern etc.) sich zersetzen. Lehmann und Jessen[3]) deuten an, dass auch ein schlechter Zustand der Zähne sich an der Verunreinigung der Luft betheiligt.

Es bringen so diese Untersuchungen in Erinnerung, dass alle auf die Verbesserung der Ernährungsweise und Förderung der Reinlichkeit an Körper und Kleidung, die Pflege der Zähne

---

1) Vergl. Archiv f. Hygiene, Bd. X (1890), S. 378.

2) a. a. O., S. 38.

3) a. a. O., S. 372.

gerichteten Bestrebungen auch dem Verlangen nach Reinhaltung der Luft in den von Menschen bewohnten Räumen zu gute kommen müssen. Dieselben sind geeignet, den seit Jahren in der Gesundheitspflege gemachten Anstrengungen zur Beschaffung einer zweckmässig zusammengesetzten und richtig zubereiteten Kost für die Armee, Arbeiterbevölkerung und öffentlichen Anstalten, sowie den Bemühungen um die Bereitstellung von Kasernen-, Volks- und Schulbädern mit eine schätzbare Unterlage zur Begründung der Dringlichkeit der Ansprüche abzugeben.

Im weiteren rufen diese Ermittelungen auf's Neue die Erkenntnis in uns wach, dass in schlecht gelüfteten und zumal dicht besetzten Räumen zugleich mit einer Anhäufung der Riech- und Ekelstoffe oft Hand in Hand sich andere, unser Wohlbefinden beeinträchtigende Zustände ergeben, von deren Unzuträglichkeit wir uns leichter eine Vorstellung zu machen im Stande sind: Die Temperatur ist über Bedarf gesteigert und meist auch ungleich vertheilt, der Feuchtigkeitsgehalt der Luft ein hoher, die Wärmestrahlung des menschlichen Körpers behindert, die Luftbewegung zu gering. Es fehlen somit die Bedingungen zur Entwärmung und sind Verhältnisse gegeben, von welchen wir aus der Erfahrung wissen, dass sie geeignet sind, bei empfindlichen Personen auch ohne Mitwirkung der Luftverunreinigung acute Zufälle (Uebelkeit, Ohnmacht) hervorzurufen, zumal wenn die Wirkung durch eine zu warme oder zu enge Kleidung begünstigt wird. In gleicher Weise wäre es verfehlt, bei Beurtheilung der schleichend sich entwickelnden Gesundheitsstörungen, welche erfahrungsgemäss der fortgesetzte Aufenthalt in schlecht gelüfteten Räumen zur Folge haben kann, übersehen zu wollen, dass an deren Zustandekommen eine Reihe von Nebenumständen (unzureichende Körperbewegung, ungeeignete Bekleidung und Beköstigung, Mangel an Sonnenlicht, sowie an abhärtenden und anregenden Temperaturschwankungen u. dergl.) mit betheiligt sind, wie K. B. Lehmann[1]) dies zutreffend hervorhebt. Aber diese

1) K. B. Lehmann, Methoden der practischen Hygiene, Wiesbaden 1890, S. 175; vergl. auch Archiv f. Hygiene, Bd. X (1890), S. 380.

Einsicht wird uns nie dazu bestimmen dürfen, den Werth der reinen Luft für die Erhaltung der Gesundheit gering anzuschlagen. —

So sehr auch der geniale Gedanke Pettenkofer's, die Luft nach ihrem Kohlensäuregehalte zu beurtheilen, bisher in Theorie und Praxis ebensowohl bei Vertretung der Ansprüche der Gesundheitslehre wie auch als Mittel zur Förderung der Erkenntnis auf dem Gebiete des Lüftungswesens Nutzen und kaum je einen Nachtheil erbracht hat, ist demselben doch wiederholt eine abfällige Beurtheilung widerfahren[1]). Gegen das Vorgehen hat man namentlich geltend gemacht, dass dasselbe nicht frei sei von einer gewissen Einseitigkeit. Die im Kohlensäuregehalt ausgedrückte Zulässigkeitsgrenze der Luftverunreinigung sei nur in einer beschränkten Anzahl von Fällen und lediglich nach dem subjectiven Ermessen der Beobachter, schätzungsweise nach dem Eindrucke, welchen die Luft auf Pettenkofer und seine Mitarbeiter gemacht habe, festgestellt, aber keineswegs, wie sich das doch gehörte, nach Maassgabe der Gesundheitsschädlichkeit ermittelt worden. Es entbehre die Voraussetzung, dass die Kohlensäureausgaben des Menschen mit der Ausscheidung der organischen Riech- und Ekelstoffe gleichen Schritt halte, der experimentellen Begründung.

Wir sind weit entfernt, uns diesen und anderen Bedenken verschliessen zu wollen, geben vielmehr gern zu, dass die Pettenkofer'sche Grundlage zur Feststellung des Reinlichkeitszustandes der Luft und zur Berechnung des Ventilationsbedarfs Unvollkommenheiten und Mängel zeigt. Nur sehen wir uns ausser Stande, das Verfahren, welches bisher gute Dienste gethan hat und sicherlich auch weiterhin noch gute Dienste thun wird, dem

---

2) u. A. vergl. Civilingenieur, Bd. XXIII (1877), S. 356. Die Kritik, mit welcher hier meine, mit C. Lang gemeinsame Arbeit über Lüftung und Heizung von Eisenbahnwagen bedacht worden ist, habe ich für meinen Theil wegen ihrer absonderlichen Art unbeachtet gelassen. Mein Partner hat erwidert (vergl. C. Lang, Ueber natürliche Ventilation, Stuttgart 1877, S 116).

Uebereifer der Wissenschaftlichkeit zu opfern und wie unnützen Ballast zu einer Zeit über Bord werfen zu lassen, in der wir desselben, weil Besseres zum Ersatz nicht geboten, noch nicht entrathen können. Man wird vielmehr bis auf weiteres, wie auch Herm. Fischer[1]) zugibt, die Kohlensäure-Grenzwerthe als willkommene Anhaltspunkte betrachten, ihre absolute Richtigkeit aber bestreiten.

Uebrigens hat Pettenkofer die Grundlage nur zum Zweck des praktischen Gebrauchs angegeben und selbst die Anerkennung der wissenschaftlichen Genauigkeit für dieselbe nie beansprucht; er sagt: »diese empirische Grundlage scheint mir viel mehr Berechtigung zu haben, als jede willkürliche Annahme oder jedes theoretische Raisonnement, aus dem man eine Grösse ableiten wollte«. Und damit hat Pettenkofer Recht. Die Kohlensäurebestimmung macht im Vergleich zur Prüfung der Luft nach dem Sinneseindruck die Beurtheilung unabhängig von der Individualität des Untersuchenden, sie gestattet die Beobachtung des Ganges der Veränderungen des Reinlichkeitszustandes der Luft, woraus sich, wie H. Rietschel[2]) seinen Fachgenossen gezeigt hat, auch für den Techniker interessante und lehrreiche Aufschlüsse gewinnen lassen.

Dass zur Bestimmung der Grösse des Luftwechsels an Stelle der Kohlensäure auch eine andere Gasart verwendet werden könnte, — wer wollte dies bestreiten; aber es ist weder das Bedürfnis für diese Abänderung der Methode ein dringendes, noch sind geeignete Vorschläge gemacht worden.[3])

Nun ist es aber auch gar nicht von der Hand zu weisen, dass man die pro Kopf und Stunde erforderliche Luftzufuhr, wie dies Morin und Andere gethan haben, den verschiedenen Altersstufen und Lebensverhältnissen entsprechend nach Maassgabe der

---

1) Herm. Fischer, Heizung und Lüftung der Räume, Handbuch der Architektur, Darmstadt 1881, 3. Th., Bd. IV, S. 70.

2) Herm. Rietschel, Lüftung und Heizung von Schulen, Berlin 1886.

3) Vergl. Civilingenieur, Bd. XXIII (1877), S. 367. Mir ist nichts darüber bekannt geworden, dass der Gedanke, das Stickstoffoxydulgas hierfür zu nehmen, je eine practische Verwerthung gefunden hat.

Erfahrung in Zahlen ausdrücken kann, und zwar so, dass in Räumen, in welchen nach dem Eindrucke der Luft die Ventilation nichts zu wünschen übrig lässt, der Betrag des Luftwechsels bestimmt und dieser als Ventilationsbedarf angenommen wird. Ist aber dieses Vorgehen vielleicht praktischer, hat es mehr Anspruch auf Wissenschaftlichkeit als das andere? Ich meine, wir dürfen dies getrost verneinen, denn in beiden Fällen geht man, um auf die Ventilationseinheit zu kommen, von der Beschaffenheit der Luft aus und ermittelt diese mit Hülfe der Sinneswahrnehmung nach »schätzungsweisem Dafürhalten«. Der Vorwurf, dass man je nach wechselnden äusseren Lebensbedingungen für ein und dieselbe Altersstufe ein sehr ungleiches Verhältnis zwischen dem Kohlensäuregehalt und dem Eindrucke der Luft bekommen kann, mag zu Recht bestehen, aber falsch ist es, in dieser Erscheinung einen Grund zum Aufgeben der Methode erblicken zu wollen, denn das in Rede stehende andere Verfahren gibt thatsächlich eben solche Abweichungen. Gerade der Mangel einer befriedigenden Annäherung der Ergebnisse war es, welcher wiederholt zu einem unliebsamen Widerstreit der Meinungen in Hinsicht der Leistung der Lüftungsanlagen und der Ventilationseinheit führen musste, bis endlich Pettenkofer durch sein Vorgehen versöhnend gewirkt hat.

Während die im Vorstehenden besprochenen Bedenken hauptsächlich von Technikern aufgegriffen worden sind, um damit Pettenkofer's Lehre vom Luftwechsel den Credit zu nehmen, haben Forscher auf dem Gebiete der Hygiene die Genauigkeit der Kohlensäurebestimmung bezweifelt. Löblicher Weise hat aber hierbei der Thatendrang den richtigen Weg gefunden, nämlich nicht etwa zur Verwerfung der Pettenkofer'schen Methode, vielmehr zu Verbesserungsvorschlägen geführt. So gern ich nun auch letztere dankbar anerkenne, kann ich die Besorgnis doch nicht theilen, dass das Verfahren in der Ausführung, wie es zu meiner Zeit im Münchener hygienischen Institut geübt wurde [1]),

1) Vergl. G. Wolffhügel, Ueber die Prüfung von Ventilationsapparaten, München 1876, S. 41.

wegen jener unbedeutenden Mängel ein Ergebnis lieferte, welches für den in Rede stehenden Zweck weniger brauchbar und zuverlässig sei.

In der hygienischen Untersuchungstechnik brauchen wir genaue Methoden und empfindliche Reactionen, für viele Aufgaben müssen die Verfahren aber auch einfach, handlich und wenig zeitraubend sein. Mitunter schliesst der eine Anspruch den andern aus und kommt es dann darauf an, auf welchen von beiden nach der Besonderheit der Aufgabe mehr Werth zu legen ist.[1]) Auch bei der Kohlensäurebestimmung liegen nach meinem Dafürhalten die Verhältnisse so, dass wir je nach der gestellten Aufgabe unsere Ansprüche nach der einen oder anderen Richtung hin mässigen dürfen, wenn wir nur bestrebt sind, mit dem gewählten Verfahren auch sauber zu arbeiten. Der Schwerpunkt in der Leistung des Hygienikers liegt in der richtigen Beurtheilung des Ergebnisses. Wer urtheilsfähig ist und die Fehlergrenze der Methode nicht ausser Auge lässt, wird nie irre gehen, wenn er auch, wo es zulässig erscheint, auf die peinlichste Genauigkeit der Untersuchung verzichtet. Wollte man zu dieser Entsagung sich nicht bekennen, so könnten wir in vielen Dingen die Hände müssig in den Schooss legen. Die Geschichte der Naturforschung ist auf unserer Seite, wenn wir unter solchen Umständen von Methoden Gebrauch machen, welche minder genau sind.[2])

Mit dieser Auffassung denke ich aber nicht im Entferntesten daran, der Nachfrage nach Taschenapparaten zur Luft-

---

1) In der Prüfung einer schadhaften Luftheizanlage auf Verunreinigung der Luft durch Kohlenoxyd wollte mir z. B. mit dem Verfahren nach Fodor der Kohlenoxydnachweis nie gelingen, während die Vogel'sche Probe denselben lieferte, wennschon letztere erst auf 2,5‰ und die andere schon auf 0,05‰ CO reagirt. Das Ergebnis war nur der grösseren Handlichkeit und Einfachheit der weniger empfindlichen Probe zu verdanken, welche es dem Beobachter ermöglicht, eine grosse Anzahl von Bestimmungen zu machen, was wegen der wechselnden Bedingungen für die Kohlenoxydausgabe unerlässlich ist. Die einfache und zugleich empfindliche Reaction nach Welzel (Verhandlungen der medic.-physikal. Gesellschaft in Würzburg, Bd. XXIII (1889), Nr. 3) war damals noch unbekannt.

2) Vergl. G. Wolffhügel, Ueber die Prüfung etc., S. 52, desgleichen Civilingenieur, Bd. XXIII (1877), S. 378.

prüfung das Wort reden zu wollen, welche wegen ihrer Einfachheit besonders auch in Händen nutzbringend sein sollen, die der experimentellen Schulung entbehren. Ich muss es vielmehr geradezu als eine Verirrung bezeichnen, dass derartige Apparate vorwiegend von solchen Leuten gebraucht werden, welche alles Andere, nur nicht untersuchen gelernt haben und daher auch das Bedürfnis nicht kennen, sich mit den Grenzen der Leistungsfähigkeit und den Fehlerquellen der Methode vertraut zu machen. Dass es unter den abgekürzten Verfahren der Kohlensäurebestimmung auch welche gibt, die in geübter Hand brauchbare Angaben liefern, darüber besteht kein Zweifel. Aber es wird eine befriedigende Annäherung des Ergebnisses an den mit der vollkommenen Methode erhaltenen Befund nur erzielt, wenn mit besonderem Verständnis für die Bedingungen des abgekürzten Vorgehens gearbeitet wird. Namentlich verlangen alle Taschenapparate eine grosse Geduld im Abwarten der Kohlensäureverbindung, weil der chemische Vorgang wegen der grossen Verdünnung des Absorptionsmittels sich noch langsamer vollzieht, als beim Pettenkofer'schen Verfahren.

Die Kohlensäurebestimmung als Mittel zur Prüfung von Lüftungsanlagen ist auf diese Weise fast zur Spielerei herabgesunken. Wir haben Ursache dies zu beklagen, denn es ist besser, wenn gar nicht untersucht wird, als dass Befunde von zweifelhaftem Werth zu Tage gefördert werden. Ich habe deshalb auch nichts weniger als Freude darüber empfunden, dass seit dem Jahre 1884 im Königreiche Preussen den Kreisbaubehörden aufgegeben war,[1]) alljährlich einmal unter Benutzung von Instrumenten, welche von einem Amtssitz zum anderen wanderten, in den Staatsdienstgebäuden eine Prüfung der Lüftungsanlagen mit dem Wolpert-schen Kohlensäureapparat älterer Ordnung, einem Anemometer und einem Hygrometer vorzunehmen. Mit einiger Befriedigung

1) Anweisung, betr. die Vorbereitung, Ausführung und Unterhaltung der Centralheizungs-Anlagen in fiscalischen Gebäuden, v. 7. Mai 1884, § 11c (Centralblatt d. Bauverwaltung, 1884, Nr. 25; vergl. Gesundheitsingenieur, 1884, S. 493).

ersehe ich aus der neuen Anweisung[1]) zur Herstellung und Unterhaltung von Centralheizungs- und Lüftungsanlagen in den unter Staatsverwaltung stehenden Gebäuden Preussens, dass diese Prüfung nur noch für Neuanlagen auf die Dauer der Gewährleistungsfrist vorgeschrieben und dabei auf die Kohlensäurebestimmung verzichtet ist. Aber möge der Herr Minister der öffentlichen Arbeiten im Interesse der Sache es mir zu gute halten, wenn ich der Ueberzeugung Ausdruck gebe, dass es in jeder Hinsicht förderlicher wäre, anstatt der gedachten Beobachtungen durch die Baubeamten, anzuordnen, dass die Leistungen der neuen Heizungs- und Lüftungsanlagen von untersuchungstechnisch vorgebildeten Sachverständigen in einer gründlichen Prüfung regelrecht festgestellt werden.

1) vom 15. April 1893. Vergl. H. Rietschel, Leitfaden zum Berechnen und Entwerfen von Lüftungs- und Heizungsanlagen, Berlin 1893, I, S. 280.

IV. Berechnung des Ventilationsbedarfs.

Es ist in der Hygiene und Gesundheitstechnik als ein dringendes und unabweisbares Bedürfnis anerkannt, dass die Ansprüche an den Betrag des Luftwechsels in Zahlen ausgedrückt werden, denn bei Aufstellung des Entwurfs einer Lüftungsanlage bildet der im Programm vorgezeichnete Ventilationsbedarf mit den Ausgangspunkt der Berechnung. Pettenkofer hat uns nun im Kohlensäuregehalte eine Grundlage gegeben, welche nicht nur für die Beurtheilung des Reinlichkeitszustandes der Luft gute Dienste thut, sondern auch für die rechnerische Ermittelung des Ventilationsbedarfs und selbst für die Bestimmung der Grösse des Luftwechsels bei der Prüfung von Lüftungsanlagen geeignet ist. Ist es aber noch zeitgemäss, sich dieses Verfahrens zu bedienen, dürfen wir forthin den Ventilationsbedarf nach dem Kohlensäuregehalte ermitteln, nachdem von H. Rietschel[1]) dessen Berechnung nach Maassgabe der Temperatur empfohlen worden, somit ein Vorschlag zum Besseren mit Pettenkofer's Methode in Wettbewerb getreten ist?

In Anbetracht der hohen Bedeutung für das Wohlbefinden in geschlossenen Räumen, welche der Temperatur der Luft unbedingt zuerkannt werden muss, liegt die Erwägung nahe, ob es nicht richtiger wäre, die Ansprüche an den Luftwechsel nach der Zimmerwärme, bezw. der Wärmeabgabe von Menschen und Beleuchtung festzustellen, da die Temperatur in der Beobachtung auch am leichtesten zu greifen ist. Diese wichtige Frage ist von

1) Deutsche Vierteljahrsschrift f. öffentl. Gesundheitspflege, Bd. XXII (1890), S. 225.

H. Rietschel einer eingehenden Erörterung unterzogen worden und gewinnt der Gegenstand gerade durch die Bearbeitung eines auf dem Gebiete des Lüftungs- und Heizungswesens in Theorie und Praxis bewährten Fachmannes für uns ein besonderes Interesse.[1])

Während die für Kopf und Stunde zuzuführende Luftmenge (y) nach der Kohlensäure berechnet aus der Formel

$$y = \frac{k}{p - q}$$

sich ergibt, wird nach Maassgabe der Temperaturbedingungen dieser Ventilationsbedarf aus der Formel

$$y = \frac{W(1 + \alpha t)}{0{,}306\,(t - t_0)}$$

ermittelt[2]). In dem ersten Ausdruck bedeutet k die stündlich im Raume erzeugte Kohlensäure, p den Grenzwerth für den Kohlensäuregehalt, q den Kohlensäuregehalt der einströmenden Luft, in dem zweiten Ausdrucke W die stündlich an die Luft abgegebene Wärmemenge, t den Grenzwerth für die Zimmertemperatur, t_0 die Temperatur der einströmenden Luft, α den Ausdehnungscoefficienten der Luft; 0,306 ist die Wärmemenge, welche die Erwärmung von 1 cbm Luft von 0^0 auf 1^0 beansprucht.

Es lässt sich rechnerisch nachweisen, dass selbst bei kurzer Benutzung des Raumes die Grösse des erforderlichen Luftwechsels eine nennenswerthe Herabsetzung nicht erfahren dürfte, weil der Kohlensäuregehalt wie auch die Temperatur der Zimmerluft im Anfangszustand bald ansteigt und sich den Werthen des Beharrungszustandes nähert (vergl. Rietschel S. 226).

Die beiden Formeln entsprechen dem Beharrungszustand. Sie haben das Gemeinsame, auf der Voraussetzung einer sofortigen Mischung der Luft (gleichmässigen Vertheilung der Kohlensäure

1) und zwar umsomehr, als Rietschel in seinen Untersuchungen, dem Vorschlage des Hygienikers folgend, sich der Kohlensäurebestimmung als Mittel zur Prüfung von Ventilations-Einrichtungen bedient hat und, soweit mir bekannt, selbst von diesem Vorgehen befriedigt war. (Vergl. Herm. Rietschel, Lüftung und Heizung von Schulen, Berlin 1886.)

2) ausgedrückt in Luft von der Temperatur t (vergl. Rietschel's Leitfaden I, S. 11).

bezw. der Wärme) begründet zu sein, welche mit den thatsächlichen Verhältnissen nicht ganz übereinstimmt. Diese Annahme entspricht in Bezug auf die Temperatur noch weniger der Wirklichkeit, wie hinsichtlich des Kohlensäuregehaltes, — was zu einer vorsichtigen Anwendung der Berechnungsweise mahnen muss, wie Rietschel selbst hervorhebt.[1])

In beiden Arten des Vorgehens lässt sich nicht vermeiden, dass Mittelwerthe der Rechnung zu Grunde gelegt werden, währead doch sowohl die Kohlensäurelieferung als auch die Wärmeausgaben nicht nur individuell verschieden sind, sondern auch je nach physiologischen Zuständen, Arbeitsleistung und äusseren Bedingungen mehr oder minder schwanken. Nichtsdestoweniger haben die Kohlensäurewerthe als Unterlagen für die Berechnung des Ventilationsbedarfs mehr Anspruch auf Vertrauen. Sie sind aus verlässlichen experimentellen Ermittelungen entstanden, während man die Angaben über die Grösse der Wärmeverluste von Haut und Lunge zu gutem Theil auf Grund einer Schätzung gewonnen hat. Dies gilt insbesondere für den Antheil der Strahlung, welchen Rietschel so ohne Weiteres mit 40% in Abzug bringt. Warum überhaupt die ausgestrahlte Wärme in Abrechnung kommen soll, ist nicht recht verständlich, da doch diese nicht verloren geht, sondern zur Erwärmung der Umschliessungskörper (Wände, Fussboden, Decke) und Gegenstände des Raumes aufgewendet wird.[2])

Die durch Unzuverlässigkeit der rechnerischen Annahmen bedingte Fehlerquelle kann sich aber, wenn in der Rechnung von der Wärme ausgegangen wird, auch dadurch noch ergiebiger erweisen, dass bei Feststellung des Werthes W zu der Wärmelieferung von Seiten der im Raume befindlichen Personen (W_1) und der Wärmeabgabe der Beleuchtung (W_2) auch noch der je nach Jahreszeit und Witterung schwankende Einfluss der Umschliessungskörper bald als Wärmeverlust, bald als Wärmezufuhr

---

1) a. a. O., S. 227.

2) In einer Darstellung der Berechnungsweise aus der jüngsten Zeit verzichtet Rietschel auf den Abzug für Strahlung. (Vergl. Herm. Rietschel, Leitfaden I, S. 8 bis 13).

($\mp W_3$) mit in Ansatz gebracht werden muss, wie das Rietschel nunmehr verlangt[1]):

$$W = W_1 + W_2 \mp W_3.$$

Wohl hat die Berechnung nach der Wärme anscheinend den Vorzug einer grösseren Sicherheit in der Feststellung des Grenzwerthes. Aber dieser vermag keinesfalls den Nachtheil zu begleichen, dass die Temperatur der einströmenden Luft innerhalb weiter Grenzen je nach den atmosphärischen Bedingungen (bezw. der Heizung oder Abkühlung) eine veränderliche Grösse ist, von deren Betrag das Ergebnis der Berechnung des Ventilationsbedarfs mit abhängt. Während nach Pettenkofer ermittelt der für den Erwachsenen im Ruhezustand zu erfordernde stündliche Luftwechsel (bei der Annahme von 0,0226 cbm CO_2 für k, 1,0 ‰ für p und 0,4 ‰ für q) ohne Unterschied der äusseren Bedingungen etwa 38 cbm beträgt, würde nach Rietschel der Luftwechsel, welcher zur Beseitigung einer Wärmemenge von 100 Calorien, d. i. etwa der von einem Erwachsenen gelieferten Wärme[2]), und zur Erhaltung der Zimmerwärme auf 19° erforderlich ist, je nach der Temperatur der zugeführten Frischluft sein

wenn $t_0 =$	0°	18 cbm
„ „ =	5°	25 „
„ „ =	10°	39 „
„ „ =	15°	87 „
„ „ =	16°	117 „
„ „ =	17°	175 „
„ „ =	18°	350 „
„ „ =	19°	∞ „

Die Berechnung nach der Temperatur ergibt hier im Allgemeinen grössere Werthe für den Ventilationsbedarf, dies aber nur weil der Einfluss der Umschliessungen noch nicht in Anschlag gebracht ist. Ferner wird der Betrag des zu erfordernden Luftwechsels, wenn nach Rietschel ermittelt, um so geringer, je

---

1) Vergl. Rietschel's Leitfaden I, S. 10.

2) Ohne den Abzug für die Wärmestrahlung berechnet.

niedriger die Temperatur der Zuluft ist. Indess darf man erwarten, dass bei den Vorarbeiten zur Herstellung einer regelrechten Lüftungsanlage in den rechnerischen Voraussetzungen ein weitgehender Spielraum für die Temperatur der einströmenden Luft nicht zugelassen wird. Rietschel bezeichnet in seinem Leitfaden (I, S. 25) je nach Lage, Vertheilung und Art der Einströmung 15 bis 17° als die niedrigste zulässige Temperatur.

Wir wollen nun, um den Unterschied der Ergebnisse der beiden Berechnungsarten uns auch in einem Beispiele klar zu machen, den Ventilationsbedarf für einen bestimmten Fall berechnen. Ich wähle hierzu meinen früheren Hörsaal, welcher ungefähr die Grösse und Beschaffenheit des von Rietschel (Leitfaden I, S. 123) als Beispiel angegebenen Zimmers I hat, rechne für den Abend auf jeden qm Grundfläche 3 Kerzen Helligkeit in Gasbeleuchtung, also 7 Argandflammen für den Raum.[1]) Der Hörsaal hat 140 cbm Inhalt, so dass bei der Annahme von 30 cbm Ventilationsbedarf per Kopf bei dreimaligem Luftwechsel die zulässige Besetzung 14, bei viermaligem 18 und bei fünfmaligem 23 Personen betragen könnte. Nehmen wir nun an, die Zimmerwärme sei 20° und die Frischluft trete mit 15° ein, so erhalten wir als erforderliche Luftzufuhr (cbm) pro Kopf und Stunde

Temperatur der Luft im Freien	am Tag			am Abend		
	bei 14 Personen	bei 18 Personen	bei 23 Personen	be 14 Personen	bei 18 Personen	bei 23 Personen
— 20°	0	0	0	246	207	177
— 10	0	0	3	276	230	195
0	0	8	22	306	254	214
+ 5	7	21	32	322	266	224
+ 15	23	34	42	338	278	233

Wir ersehen aus diesen für den Ventilationsbedarf unter verschiedenen äusseren Bedingungen gefundenen Werthen, dass die Berechnung nach Rietschel die Erfüllung unserer Ansprüche an den Luftwechsel zur Winterszeit dem Belieben des Heizers preisgibt, indem dieser an kalten Tagen durch die Regelung des

1) Vergl. G. F. Schaar, Kalender für Gas- und Wasserfach-Techniker, 1889, S. 79.

Heizbetriebs es fertig bringen kann, dass die erforderte Temperaturgrenze von 20⁰ für t eingehalten wird, ohne dafür die Mitwirkung der Lüftung heranzuziehen. Mit anderen Worten, der Vorschlag Rietschel's verräth wenig Interesse für den Reinlichkeitszustand der Luft.

Um so erfreulicher ist es, dass Rietschel zufolge seiner jüngsten Mittheilung (Leitfaden I, S. 13) sich selbst dieser Einsicht nicht mehr zu verschliessen scheint, indem er die Verwendbarkeit seiner Berechnungsweise nicht nur einschränkt, vielmehr auch verlangt, dass in den Fällen, für welche das gefundene Ergebnis kleinere Werthe liefern sollte, als die von ihm in einem für die verschiedenen Bedürfnisse vorgeschlagenen Lüftungsprogramm à la Morin gemachten Vorschriften[1]), die letzteren für die Bestimmung des zu erfordernden Luftwechsels zu Grunde zu legen sind.

Von den Einwendungen, welche Rietschel gegen das Verfahren der Berechnung nach dem Kohlensäuregehalt geltend gemacht hat, ist eine der gewichtigeren, dass die Pettenkofer'sche Grenze von 1‰ bei dicht besetzten und nicht sehr hohen Räumen (Schulzimmern u. dergl.) fast stets überschritten werden müsse und dass somit Forderung und Erfüllung nicht in Einklang zu bringen seien.[2]) Auch meine eigene, auf so mancher Kohlensäurebestimmung begründete Erfahrung sagt mir, dass der Kohlensäuregehalt unter solchen Verhältnissen häufig über die zulässige Grenze vermehrt ist, — und trotzdem kann mich dies nicht veranlassen, den Befund der Methode zur Last zu schreiben. Wenn in der Praxis die Einhaltung des vorgeschriebenen Kohlensäuregehaltes nicht erreicht wird, so kann dies entweder durch Mängel und Fehler in Anlage und Betrieb der Vorrichtungen für den Luftwechsel verursacht oder auch dadurch bedingt sein, dass infolge einer zu dichten Besetzung des Raumes es unmöglich

---

1) Der hiernach verlangte Ventilationsbedarf ist, wie es scheint, nach Pettenkofer, aber unter wechselnden Annahmen für den zulässigen Kohlensäuregehalt, berechnet.

2) Deutsche Vierteljahrsschrift f. öffentl. Gesundheitspflege, Bd. XXII (1890) S. 232.

wird, ohne Auftreten von Zugerscheinungen die Leistungsfähigkeit der Ventilationsanlage in dem erforderten Maasse nutzbar werden zu lassen.

Wir haben es hier zunächst mit dem zweiten Falle zu thun, indem Rietschel[1]) es beklagt, dass diejenigen, welche berufen sind, die Grösse des Luftwechsels vorzuschreiben, viel zu wenig die Nothwendigkeit beachten, bei Bestimmung des Ventilationsbedarfs den Rauminhalt in Rücksicht zu nehmen. Der in dieser Auffassung liegende Tadel kann zum wenigsten nicht solche treffen, welche sich einer guten Schulung in der Hygiene und ausreichenden Vorbildung in der Lehre vom Luftwechsel erfreuen. Wird doch gerade von dieser Seite schon behufs Sicherung des unbedingten Ausschlusses von Belästigungen durch Zugluft das Verhältnis zwischen Ventilationsgrösse und Rauminhalt in dem Maasse, wie es die praktische Erfahrung als zweckmässig erscheinen lässt, in zielbewusster Weise begrenzt, somit der Rauminhalt nicht ausser Acht gelassen. Es gilt in der Gesundheitslehre behufs Vermeidung von Zugerscheinungen gemeinhin als Regel, stündlich in gleichmässiger Vertheilung nicht mehr als dreimal so viel Luft ein- und austreten zu lassen, als der zu lüftende Raum gross ist. Zugerscheinungen fernzuhalten ist nicht nur aus dem Grunde, dass sie durch einseitige Entwärmung des menschlichen Körpers lästig werden und auch Störungen des Wohlbefindens bewirken können, dringend geboten, vielmehr namentlich auch mit Rücksicht darauf angezeigt, dass sie leicht zum Vorwande gegen die Einführung von frischer Luft werden.

Mit der Voraussetzung, dass der Grösse des Luftwechsels eine Grenze gezogen ist, schliesst aber die Kohlensäure-Norm für uns stillschweigend zugleich einen wirksamen Schutz gegen die übermässige Ausnützung des Raumes durch allzu dichte Besetzung in sich. Wir legen auf diese Besonderheit hohen Werth, weil einestheils schon allgemeine Gesundheitsrücksichten eine zu knappe Bemessung des Luftkubus verbieten, anderntheils weil in Schulen die dichte Besetzung der Räume im Unterricht grosse

1) a. a. O., S. 232.

Unzuträglichkeiten für Lehrer und Schüler zur Folge hat, welche nicht ohne Rückwirkung auf die gesundheitswirthschaftlichen Verhältnisse bleiben können. Eine grössere Schülerzahl erschwert den Unterricht, nimmt dem Lehrer die Möglichkeit in ausreichendem Maasse sich unter Berücksichtigung der Eigenart des Einzelnen mit den Schülern zu befassen, und hat die Ueberlastung mit Hausarbeiten, bei Manchen auch mit Nachhülfestunden zur Folge, für welche die mit dem Schulgeld belasteten Eltern aufkommen müssen. Die Ueberbürdungsfrage steht in unverkennbarer Beziehung zur Ueberfüllung der Klassen, — und dennoch zieht jetzt unsere Unterrichtsverwaltung ohne Noth die bisher vorhandenen Parallelclassen in den Gymnasien aus Rücksichten übel angebrachter Sparsamkeitsbestrebungen ein.

Für die in der Hygiene übliche Begrenzung der Ventilationsgrösse auf das Dreifache des Rauminhaltes wird weder die allgemeine noch die unbedingte Gültigkeit beansprucht, sie kann gelten für die Verhältnisse mittelgrosser Räume mit nur je einem Canal für Zu- und Abluft, also doch in den am häufigsten vorkommenden Fällen als Richtschnur dienen. Rietschel hat durch seine Untersuchungen dargethan, dass unter gewissen Bedingungen bezüglich der Anordnung und Geschwindigkeit der Luftströmung sowie der Lage der Ein- und Austrittsöffnungen im Zimmer es zulässig erscheinen darf, den Luftwechsel bis zum Fünffachen des Rauminhaltes zu erhöhen, ja es hält Rietschel bei Räumen, die höher als 4 m sind, und im Falle, dass die Zuluft wärmer als die Zimmerluft ist, selbst noch eine weitere Steigerung des Luftwechsels für angängig.[1]) Durch diese Erfahrungen, welche ich aus eigenen Beobachtungen bestätigen kann, wird die Hoffnung auf Befriedigung der von der Hygiene im Ventilationsbedarf gestellten Ansprüche auf's Neue belebt. Leider dürfen wir aber die zunächst nur bei Drucklüftung erreichte Erhöhung der Leistung bis zum Fünffachen des Rauminhaltes und mehr auf andere Verhältnisse, wie auf Anlagen,

---

1) a. a. O., S. 231; vergl. auch H. Rietschel, Lüftung und Heizung von Schulen, Berlin 1886.

deren Wirkung vorwiegend auf Temperaturunterschieden beruht, keineswegs uneingeschränkt als Erwartung übertragen.

Im weiteren meint Rietschel[1]), dass eine Lüftungsanlage ihren Zweck um so besser erfüllen wird, je mehr die eintretende Luft die verbrauchte verdrängt, je weniger ein Mischen der reinen Luft mit der verunreinigten stattfindet. Ich verkenne nicht, dass dieser Gedanken von jeher etwas Verführerisches gehabt hat. Kann doch schon eine leichte Brise von Frischluft, eine verhältnismässig kleine Menge von Luft, die uns in dichtbesetzten Räumen unvermischt zuströmt, zumal wenn sie nebenbei durch die Lebhaftigkeit ihrer Bewegung und etwas niedrigere Temperatur erfrischend wirkt, eine bedeutende Leistung der Ventilation vortäuschen, während das Mehrfache der Luftzufuhr bei sofortiger Mischung nicht in dem gleichen Maasse befriedigen würde. Man könnte also daran denken, den Betrag der zur Reinhaltung der Zimmerluft erforderlichen Zufuhr von Frischluft erheblich herabzusetzen, wenn die Ventilation in der Weise angeordnet würde, dass die Luft aus der nächsten Umgebung der Menschen — ähnlich wie bei der Anordnung des Luftwechsels in den Staub und schädliche Gase erzeugenden Gewerbebetrieben — am Orte der Entstehung der Verunreinigung hinweggenommen bezw. wenn die als Ersatz einzuführende Frischluft in die unmittelbare Nähe der Bewohner geliefert würde. Aber leider darf ein derartiges Vorgehen nur für den besonderen Fall (z. B. in Theatern, wo die Menschen darauf angewiesen sind, bestimmte Plätze einzunehmen) ausführbar erscheinen, und würde es im übrigen verfehlt sein, hierin allgemein das Ziel der Technik erblicken zu wollen. Es dürfte daher den Aufgaben des Technikers entschieden förderlicher sein, wenn derselbe den Lüftungsvorgang zunächst so auffasst, wie er thatsächlich in der Mehrzahl der Fälle und in der Hauptsache sich vollzieht, d. h. sich den Luftwechsel nicht als einfaches Verschieben und Verdrängen ohne gleichzeitige Vermischung der Luftmassen vorstellt, vielmehr — so wie Pettenkofer[2]) es lehrt — annimmt, dass die Ventilation gleich-

1) a. a. O., S. 235.

2) Vergl. a. a. O., S. 24, 84 und 114.

sam wie ein Auswaschen der Zimmerluft mit Frischluft vor sich geht.

Dass man in der Praxis, wenigstens in den Aufgaben, in welchen es sich um die Beseitigung der aus den Lebensvorgängen der Bewohner entstammenden Ausscheidungen handelt, um diese Mischung der Frischluft mit der Zimmerluft nicht herumkommen kann, ist gewiss auch Rietschel's Meinung; denn er bekennt sich zu dieser Auffassung sowohl in der Berechnung des Ventilationsbedarfs als auch in einer Darlegung über die Anordnung der Mündungen der Ventilationskanäle.

Dem Verhältnis der Ventilationsgrösse zum Rauminhalt legt Rietschel[1]) eine besondere Bedeutung für die Luftbeschaffenheit bei. Je geringer der Luftwechsel im Verhältnis zum Rauminhalt, desto mehr bleibe die Ventilation von dem Ziele einer gleichmässigen Vertheilung der reinen Luft im Zimmer, also einer gleichmässigen Durchlüftung entfernt, desto mehr werden auch die ausgeathmeten Riechstoffe Zeit gewinnen, sich an den Wänden etc. niederzuschlagen, und werden dieselben somit ihren verderblichen Einfluss nachhaltiger ausüben können.

Fast könnte es den Anschein gewinnen, als hätten wir Hygieniker uns in diesem Punkte einer Vernachlässigung belangreicher Thatsachen bei Aufstellung der Ansprüche an den Luftwechsel schuldig gemacht. Und doch ginge Rietschel auch hierin fehl, wenn sein Tadel gegen uns gerichtet sein sollte. Neues enthält die Rietschel'sche Auffassung für uns nicht. Die in Rede stehende Beziehung zwischen Ventilationsbedarf und Raumgrösse ist vor etwa 18 Jahren von Lang und Wolffhügel[2]) bei Gelegenheit von Untersuchungen über Lüftung und Heizung von Eisenbahnwagen festgestellt und durch eine Erhöhung des Grenzwerthes für die Luft in kleinen Räumen von 1,0 auf 1,5‰ Kohlensäure in Rechnung gebracht worden.

Was zunächst die Vertheilung der Luft anbelangt, so ist durch vergleichende Untersuchungen von Luftproben aus den verschiedensten Stellen bewohnter Räume erwiesen, dass die Be-

1) a. a. O., S. 235.

2) Zeitschrift f. Biologie, Bd. XII (1876) S. 624

dingungen für die Mischung der Luft und zwar sowohl der verunreinigenden Beimengungen als auch der Frischluft mit der Zimmerluft im Allgemeinen, ohne Unterschied des Rauminhaltes günstig liegen, zumal wenn den im Raume wirksamen Bewegungsursachen (Temperaturunterschied, mechanische Einwirkung durch den Verkehr und die Thätigkeit der Menschen, Diffusion) zugleich eine verständige Anordnung der Ventilation zu Hilfe kommt. Wohl wird im kleinen Raum unter sonst gleichen Verhältnissen das Auswaschen der vorhandenen Luft mit Frischluft, also auch ein ergiebiges Durchlüften rascher als im grossen erzielt[1]), ein Vortheil, welcher, wie ich hoffe, der Gesundheitslehre in keinem Falle zu einer Vernachlässigung der Ansprüche an den Luftkubus Anlass geben kann. Mir ist es nicht denkbar, dass das gedachte unterschiedliche Verhalten im Luftwechsel je nach dem Inhalte der Räume auch auf den Luftkubus sollte übertragen werden dürfen. Es wird doch kaum zu erwarten sein, dass mit der dichteren Besetzung eines Raumes (was gleichbedeutend ist mit der Verminderung des auf den einzelnen Bewohner entfallenden Antheils am Rauminhalt) und der entsprechenden Erhöhung der Anforderungen an die Grösse des Luftwechsels, also mit der hier thatsächlich gegebenen Vermehrung des Verhältnisses von Ventilationsgrösse und Rauminhalt, die Luftbeschaffenheit sich besser stellen wird. Zwar nimmt Rietschel an, dass in einem verhältnissmässig kleinen Raum, in welchem nur eine Person sich dauernd aufzuhalten hat, dem Geruchsinn nach zu urtheilen, eine schlechtere Luft herrschen wird, als wenn sich in demselben Raum bei doppeltem Luftwechsel zwei Personen befinden. Aber es hat den Anschein, dass dieser Auffassung nicht etwa rechnerische oder experimentelle Ermittelungen, vielmehr lediglich die Erwägung zu Grunde liegt, dass im zweiten Falle der wirksamere Luftwechsel ein Zurückbleiben von Riechstoffen hintanhält.

Dass die Berechnung des Ventilationsbedarfs für Räume, in welchen nur wenige Menschen sich aufzuhalten haben, in Bezug

---

1) Vergl. G. Wolffhügel, Ueber die Prüfung von Ventilationsapparaten, München 1876, S. 22 und C. Lang, Ueber natürliche Ventilation, Stuttgart 1877, S. 19.

auf den Rauminhalt nur einen geringen Luftwechsel ergibt, ist — wie wir im weiteren Rietschel entgegenhalten müssen — nicht bloss bei Anwendung der Kohlensäuremethode der Fall. Das Gleiche gilt für die Berechnung nach Maassgabe der Temperatur, und zwar könnte hierbei, je nach den Wärmebedingungen, das Verhältnis der Ventilationsgrösse zum Rauminhalt sogar noch viel geringer ausfallen.

Der Annahme, dass die organischen Ausscheidungsstoffe der Menschen sich mit der Zeit zersetzen und infolgedessen viel unangenehmer riechen, begegnen wir u. A. auch bei Péclet[1]) und Pettenkofer[2]). Von Lang und Wolffhügel[3]) ist dieselbe seiner Zeit zur Deutung der Thatsache herangezogen worden, dass in kleinen Räumen der Eindruck der Luft bei einem höheren Kohlensäuregehalt als 1,0 ‰ noch als ein guter zu bezeichnen ist: »Gerade weil es weniger die Anhäufung frischer Ausdünstungsstoffe als deren Zersetzung zu sein scheint, welche das Wohlbefinden stört und sanitäre Bedenken erregt, halten wir es für zulässig, dass man für kleine Wohnräume und Eisenbahnwagen bezüglich der Grösse des Luftwechsels geringere Anforderungen macht.« Diese Hypothese hat bisher weder eine Zurückweisung noch eine nähere Begründung erfahren.[4])

In Bezug auf die Annahme einer Verschlechterung der Luft durch Zersetzung der organischen Beimengungen bei deren Verweilen im Raume bin ich nachgerade der Meinung, dass diese vorwiegend an denjenigen Ausscheidungsstoffen stattfindet, welche sich an den Wänden niedergeschlagen haben. Diese Ablagerungen kommen hauptsächlich mit der Condensation des Wasserdampfes an den kalten Wänden des Zimmers zu Stande. Die Feuchtigkeitsniederschläge selbst können ausserdem auch die Lebensvorgänge von Mikroorganismen begünstigen, deren Wucherungen

1) Péclet, a. a. O., Bd. III, S. 21.

2) a. a. O., S. 116.

3) a. a. O., S. 628.

4) Für mich besteht kein Zweifel, dass in kleinen Räumen, wie Eisenbahnabtheilen, zudem auch die häufig stattfindende unmittelbare Zuströmung einer fast unvermischten Frischluft die Verhältnisse für die Insassen günstiger gestaltet.

die Luft zu verderben geeignet sind, sie bedingen Ausdünstungen aus abgelagertem Staub etc. Um diese Vorgänge auf ein erträgliches Maass zu beschränken, müssen wir nicht bloss auf eine stetige Beseitigung des Wasserdampfes und der anderen gasförmigen Beimengungen der Luft durch die Ventilation abzielen, vielmehr auch anstreben, dass die Umfassungen des zu lüftenden Raumes eine der Luftwärme nahe liegende Temperatur haben, was sich ja auch sonst im Interesse der Bewohner behufs Verhütung einer einseitigen Entwärmung durch Strahlung empfiehlt. Die hier ausgesprochene Forderung wird hygienischerseits mit vollem Recht auch für die Schlafräume geltend gemacht im Gegensatz zu dem im Volksmunde verbreiteten Vorurtheil, dass Kaltschlafen gesund sei.[1]) Die Gesundheitstechnik wird, soweit sie ohne Beeinträchtigung wichtigerer Interessen dieser Forderung überhaupt zu genügen vermag, das Ziel erreichen, gleichgiltig, ob wir den Ventilationsbedarf nach der Temperatur oder nach der Kohlensäure feststellen.

Ein anderer Einwand Rietschel's[2]) ist noch der, dass der Geruch, welcher einen ziemlich feinen Maassstab für die Luftbeschaffenheit bilde, je nach dem Reinlichkeitszustand der Menschen im Gegensatz zu der Menge der abgegebenen Kohlensäure erhebliche Unterschiede zeigen könne, der Kohlensäuregehalt also keineswegs einen verlässlichen Ausdruck für die Luftverunreinigung gebe. Ich darf darauf verzichten, auf eine Besprechung dieses Bedenkens hier einzugehen, nachdem an einer früheren Stelle die Forderung der Reinlichkeit als Vorbedingung für den Luftwechsel eingehend erörtert worden ist.

Der Gesichtspunkt, dass die Temperatur, die in einem von Menschen benützten Raume herrscht, einen mächtigen Einfluss auf das Güteverhältnis der Luft ausübt, ist von Seiten der Hygieniker bei jeder Gelegenheit in ausreichendem Maasse gewürdigt und, wie sich leicht nachweisen liesse, schon öfters zur Sprache

1) Vergl. M. v. Pettenkofer, Populäre Vorlesungen, Braunschweig 1872 (Kleidung, Wohnung und Boden), S. 60; G. Wolffhügel, Heizung, Eulenberg's Handbuch des öffentl. Gesundheitswesens, Berlin 1882, Bd. II, S. 35.

2) a. a. O., S. 234.

gebracht worden. Von Rietschel[1]) wird der Temperatur eine Bedeutung in dem Sinne beigemessen, dass bei einer hohen Zimmerwärme voraussichtlich auch die Abgabe von Ausscheidungsstoffen an die Luft reichlicher und deren Zersetzung rascher sei, und hervorgehoben, dass auf die Temperatur die Forderung bezüglich des Kohlensäuregehaltes keine Rücksicht nehme. Als ob letzteres ein Mangel wäre! Wir können doch nicht alle unsere Wünsche in Hinsicht der Luftbeschaffenheit in einem Ausdruck, im Kohlensäuregrenzwerth oder im Ventilationsbedarf, vereinigen! Ich halte dafür, dass hygienischerseits der Bedeutung der Temperatur durch die Forderung, dass in bewohnten Räumen die Wärme innerhalb bestimmter enger Grenzen sich halte, in ausreichendem Maasse Rechnung getragen ist. Ja, ich bin überzeugt, dass dieses Vorgehen dem Bedürfnisse mehr entspricht, als die Zusammenfassung der Ansprüche an den Reinlichkeitszustand und die Temperatur der Luft, weil bei der ausschliesslichen Beachtung der Temperaturgrenze die Beschaffenheit der Luft doch recht zu kurz kommen könnte. Wir haben alle Ursache, zu besorgen, dass wir uns in der Wohnungshygiene bei einer Bevorzugung des Vorschlages von Rietschel nur verschlechtern werden —, denn es könnte und würde in praxi doch nicht ausbleiben, dass im Winter die Zufuhr der Frischluft durch Regelung der Heizung oder durch Verzicht auf die Vorwärmung der einzuführenden Luft in einer sanitär unzulässigen Weise beschränkt wird.

Von all den Vortheilen, welche Rietschel sich aus der Aufstellung des Ventilationsbedarfs nach seiner Methode verspricht, tritt keiner so sehr an's Licht, wie die Möglichkeit, dass der Techniker, trotz der anscheinend unter Umständen viel höheren Anforderungen an den Betrag des Luftwechsels, sich die Aufgabe erleichtern und vereinfachen könne und zwar durch zweckmässige Wahl und Anordnung der Beleuchtung, durch angemessene Anlage der Ventilationskanäle und deren Mündungen, durch passende Wahl der Eintrittsgeschwindigkeit und Temperatur der Luft u. s. w.

---

1) a. a. O., S. 234.

Bei Zugrundelegung des zulässigen Kohlensäuregehaltes können wir freilich dem Techniker keinen grossen Spielraum lassen. Indess besteht unverkennbar auch hier die Möglichkeit, allzugrosse Ansprüche im Ventilationsbedarf in Berücksichtigung der Grenzen der Ausführbarkeit zu mässigen. Kommt uns doch in gleicher Weise die Wahl einer zweckmässigen Beleuchtung zu Statten und lassen sich günstigere Bedingungen aus den erhöhten Ansprüchen an die Reinlichkeit am Körper, in der Kleidung und im Hause erwarten. Nach meinem Dafürhalten werden wir uns sogar, wenn auch nur von Fall zu Fall, selbst eine Verschiebung der Kohlensäurenorm nach oben gestatten dürfen. Ich selbst habe, als bei den Vorarbeiten zur Aufstellung des Programms für die Heizungs- und Lüftungsanlage des neuen Reichstagsgebäudes über den Ventilationsbedarf verhandelt wurde, eine Mässigung der Forderung für zulässig erklärt unter der Bedingung, dass im Hause Gelegenheit zum Baden geboten würde. Rietschel[1]) hat für die Lüftung von Schulen eine Erhöhung des zulässigen Kohlensäuregehaltes von 1,0 auf 1,5‰ sich gestattet. Da dieses Vorgehen lediglich mit der Schwierigkeit, eine bessere Luftbeschaffenheit unter den gegebenen Verhältnissen einer dichten Besetzung der Schulzimmer zu erreichen, begründet ist, hat es meinen Beifall nicht finden können.

Unter den Mitteln, welche die im Kohlensäuregehalt und dem darnach berechneten Ventilationsbedarf dem Techniker gestellten Aufgaben wesentlich zu erleichtern geeignet sind, ist aber die Fürsorge für eine möglichst reine Beschaffenheit der Zuluft mit obenan zu stellen. Man sollte meinen, dass dies als etwas Selbstverständliches der besonderen Erinnerung nicht bedürfe, — die praktische Erfahrung belehrt uns eines Besseren. In allen Fällen der Lüftung, in welchen die einströmende Luft nicht auf dem kürzesten Wege unmittelbar aus dem Freien kommt, kann die grösste Sorgfalt in der Wahl und Reinhaltung der Entnahmestelle, die beste Fürsorge für die Reinigung der Luft von Staub und Russ die erforderliche Gewähr für eine gute Beschaffen-

1) H. Rietschel, Lüftung und Heizung von Schulen, Berlin 1886, S. 45.

heit der Luft allein nicht geben, wenn nicht gleichzeitig die Frischluft davor geschützt ist, unterwegs, sei es in den luftführenden Kanälen oder der Heizkammer, an ihrer Reinheit einzubüssen.

Wer mit der Praxis Fühlung hält und jede dargebotene Gelegenheit, durch Untersuchung von Ventilationsanlagen den Gesichtskreis zu erweitern, mit Liebe für die Sache wahrnimmt, weiss viel davon zu erzählen, was nicht in Bezug auf die Verunreinigung der Frischluft auf ihren ersten Wegen geleistet wird und was nicht alles vorkommen kann durch Ungeschicklichkeiten in der Anlage, durch Fahrlässigkeit und Dummheit im Betrieb.

So wird nach meinen Beobachtungen bei Feuer-Luftheizungen häufiger, als man glaubt, die Luft in der Heizkammer mit einer aus ihrer Umgebung (vom Keller her) durch undichte Stellen eindringenden Luft verunreinigt, und mengen sich, wenn auch seltener und nur unter besonderen Umständen, der Luft auch Rauchgase, Russ und brenzliche Riechstoffe bei aus schadhaft gewordenen Theilen des Heizapparates, der Rohrzüge und des Schornsteins.[1]) Undichtheiten (Fugen und Risse) ergeben sich an diesen Heizanlagen namentlich aus der ungleichen Wärmeausdehnung der Materialien, also in der Heizkammer vorwiegend dort, wo Mauerwerk Eisentheile umschliesst (am Feuerungskasten, an den Enden der Rohrzüge). Nur eine aufmerksame Beaufsichtigung der Heizanlage und die sofortige Beseitigung aller und selbst auch kleiner Schäden kann hier die Frischluft vor einer Verunreinigung bewahren.

Eine häufige Quelle der Luftverschlechterung innerhalb der ersten Wege ist erfahrungsgemäss auch die künstliche Befeuchtung. Dass im letzten Jahrzehnt das Interesse für letztere abgenommen hat, ist nicht etwa vorwiegend der Erkenntnis zuzuschreiben, dass die Klagen über eine austrocknende Wirkung

---

1) Wenn in Untersuchungen an Heizanlagen diese Erscheinung nicht öfters zu Tage tritt, so liegt die Ursache des Misserfolgs der Beobachtung mit darin, dass letztere nicht gerade auch in der Zeit stattfindet, wo günstige Bedingungen für das Austreten der Rauchgase nach der Heizkammer vorhanden sind, nämlich wo der Zug im Schornstein schwach, die Heizkammer aber noch warm genug ist, um eine lebhafte Luftbewegung zu unterhalten.

der Luft oft übertrieben oder dass die Trockenheit durch brenzliche Producte aus dem auf den Heizflächen versengenden Staub, welche auch das Gefühl von Austrocknen und Kratzen im Halse erzeugen können, nur vorgetäuscht werde. Vielmehr hat wesentlich dabei auch die Erfahrung mitgewirkt, dass die künstliche Befeuchtung den Vortheil, welchen sie zu bringen vermag, durch unangenehme Nebenwirkungen beeinträchtigt, indem dieselbe, wenn nicht mit Geschick und Verständnis bewirkt, der Luft einen eigenartigen, an die Waschküche erinnernden Geruch verleiht. Namentlich habe ich diese Beeinträchtigung der Güte nach dem Ueberlaufen der Verdunstungspfanne und Nasswerden der Rohrzüge sowie des Kaltluftcanals bemerkt. Weiterhin trägt die Befeuchtung zu einer Verschlechterung der Luftbeschaffenheit dadurch bei, dass das in der Heizkammer aufgenommene Wasser während des Anheizens, besonders wenn bei kaltem Wetter der Betrieb einige Tage unterbrochen war, sich an den abgekühlten Wänden und Gegenständen der Räume niederschlägt und so die Entstehung von Gerüchen veranlasst. Diese und andere Erfahrungen mehr haben mir, wie ich gestehen muss, den Nutzen, welchen ich dem Verfahren der künstlichen Befeuchtung der Luft entgegen dem dieselbe ganz verwerfenden Urtheil Anderer innerhalb gewisser Grenzen beimesse[1]), wiederholt in einem wenig günstigen Lichte erscheinen lassen. In ähnlicher Weise können unangenehme Nebenwirkungen aus der Anwendung des Wassers bei der Reinigung der Luft von Staub entstehen.

---

1) Inwieweit ich dem künstlichen Befeuchten der Luft bei Ventilations-Heizungen einen Werth zuerkenne, habe ich in der mehrerwähnten Abhandlung »Heizung« (Eulenberg's Handbuch des öffentlichen Gesundheitswesens, Berlin 1882, Bd. II, S. 47 bis 51) dargelegt. Da mich F. Fischer (Dingler's polytech. Journal, Bd. 258 [1885] S. 415) zu den Vertretern des Vorwurfes, dass die Feuerluftheizung durch grosse Trockenheit der Luft belästigend wirke, gerechnet hat, darf ich noch auf S. 91 hinweisen, wo es heisst: ». . . . . man macht ihr zum Vorwurf, dass sie die Luft überhitze und austrockne, derselben übelriechende Dünste und schädliche Gase beimenge und Staub und Russ in's Zimmer führe. Dieser Tadel kann, so weit er überhaupt begründet ist, nicht das Prinzip dieser Heizart treffen, sondern nur eine mangelhafte Ausführung oder einen schlechten Betrieb der Einrichtung u. s w.«

Es ist keine Frage, man hat die Nachtheile des verminderten Wassergehaltes der Luft früher überschätzt und muss nunmehr jeder Uebertreibung im künstlichen Befeuchten der Luft Einhalt gebieten. Aber unter dem Eindrucke dieser Erkenntnis ist in der Folge auch das Interesse für die Verhütung des Entstehens von Riechstoffen und kratzenden Producten der trockenen Destillation aus dem auf den Heizflächen niedergeschlagenen Staub, wie ich meine, auch etwas übertrieben worden. Erst vor Kurzem hatte ich wieder Gelegenheit hierauf aufmerksam zu werden, als ich bei Begutachtung der Vorarbeiten für die Lüftungs- und Heizungsanlage der neuen grossen Krankenanstalt der Stadt Nürnberg einen Widerstreit der Meinungen darüber vorfand, ob man die Zuluft mit Dampf-Niederdruckheizung erwärmen dürfe. Es war zu Gunsten der Warmwasser-Niederdruckheizung und zum Nachtheil der Dampf-Niederdruckheizung geltend gemacht worden, dass bei letzterer wegen der hohen Heizflächen-Temperatur sich aus Staub brenzliche Producte bilden.

Wenn ich auf Grund von Ermittelungen[1]), die ich im Jahre 1880 und früher im Anschlusse an Untersuchungen über die Entstehung von Kohlenoxyd angestellt habe, die Meinung theilen darf, dass eine Temperatur der Heizfläche von 100° schon hinreicht, um aus Staubablagerungen Riechstoffe zu entbinden, muss ich doch davor warnen, hier dem experimentellen Befund eine ausschlaggebende Bedeutung beimessen zu wollen, damit nicht theoretische Erwägungen zu ähnlichen Verirrungen führen, wie seiner Zeit in der Kohlenoxydfrage.[2]) Wohl mag Boubnoff[3]) die fragliche Temperatur, bei der am Staub die trockene Destillation beginnt, noch niedriger liegend gefunden haben, als ich und in Uebereinstimmung mit mir J. Fodor[4]). Aber selbst, wenn

1) Vergl. »Heizung« S. 45.

2) Vergl. Zeitschrift für Biologie, Bd. XIV (1878), S. 506.

3) Nach Angabe des sich auf Boubnoff berufenden Technikers ist dessen Arbeit mitgetheilt in Erismann's Gesammelte Arbeiten aus dem hygienischen Laboratorium der Moskauer Universität (wahrscheinlich Bd. III, 1890).

4) Vortrag am 16. September 1881 (Wien), vergl. Deutsche Vierteljahrsschrift f. öffentl. Gesundheitspflege, Bd. XIV (1882) S. 120.

wir die Beobachtung von Boubnoff, dass Staub schon bei 70° Geruch entwickelt hat, als eine für jeden Staub und alle Verhältnisse geltende Erscheinung verallgemeinern dürften, fehlt meines Erachtens dennoch die Berechtigung, auf diese experimentelle Thatsache hin der Technik die bindende Vorschrift zu ertheilen, dass die höchste zulässige Heizflächentemperatur in keinem Falle mehr als 70° betragen soll.

Allein schon die Erfahrung, dass in Krankenanstalten und Wohngebäuden, welche Dampf-Niederdruckheizung haben, die Beschaffenheit der Luft durch den in Rede stehenden Vorgang nicht in merklicher Weise verschlechtert wird, sollte daran erinnern, dass bei der Staubablagerung auf den Heizkörpern die Verhältnisse doch etwas anders liegen als im Laboratoriumsversuch. Die Anordnung des Experimentes nähert sich mehr dem Zustande im Anfang der Heizperiode, wenn die Reinigung der Heizflächen versäumt worden war. Anders aber, wenn der Heizkörper nach Vorschrift reingehalten wird. Es sind dann keine so reichlichen Staubmengen, welche mit der Heizfläche in Berührung kommen. Der sich niederschlagende Staub wird auch nur vorübergehend Riechstoffe entbinden können, denn dieser Vorgang ist in seiner Ergiebigkeit von der gegebenen Temperatur abhängig und keineswegs eine unerschöpfliche Quelle der Luftverunreinigung wie etwa die Lebensäusserungen der Bewohner. Von den praktischen Verhältnissen weicht aber das Experiment auch darin wesentlich ab, dass bei ersteren — namentlich wo die Heizanlage zur Erwärmung der Zuluft dient — die entstehenden Riechstoffe auf grosse Luftmassen sich vertheilen.

Da überdies es sich bei dieser Möglichkeit einer geringfügigen Verminderung der Güte der Luft auch nicht um gesundheitsschädliche Beimengungen handelt, vermag ich das gegenüber der Dampf-Niederdruckheizung geäusserte Bedenken als ein schwerwiegendes nicht anzuerkennen, — wenn ich auch sonst gern der Warmwasserheizung den Vorzug vor ihr einräume, dass sie auf den abgelagerten Staub nicht einwirkt und bei richtiger Anlage in der Wärmeabgabe leichter zu regeln ist.

Wir verdanken es der Anregung, welche Herm. Fischer und J. Fodor als Berichterstatter des Deutschen Vereins für öffentliche Gesundheitspflege auf der Jahresversammlung zu Wien (1881) gegeben haben, dass heutzutage es nicht an Einsicht für die Nothwendigkeit fehlt, die Heizflächen thunlichst staubfrei zu halten. Es ist für den Betrieb der unter Staatsaufsicht stehenden Heizanlagen eine von Zeit zu Zeit regelmässig wiederkehrende Reinigung der Heizflächen vorgeschrieben[1]) und auch die Forderung aufgestellt, dass die Heizkörper gut zugänglich, die Heizkammern dafür hinreichend geräumig und auch — wenn angängig, mit Tageslicht — beleuchtet sein müssen. Umsomehr ist es zu beklagen, wenn trotz dieser anerkennenswerthen Fürsorge jetzt immer noch Heizanlagen bestehen können, welche diesen berechtigten Ansprüchen nicht genügen, vielmehr zum wenigsten etwas von der Kunstfertigkeit des Schlangenmenschen im Circus bei dem mit der Reinigung der Heizflächen oder einer Prüfung der Heizanlage Beauftragten voraussetzen.

Die Anwendung der Pettenkofer'schen Norm setzt voraus, dass ausser den Bewohnern im Zimmer andere Kohlensäurequellen nicht vorhanden sind, bezw. dass der Antheil der letzteren in Rechnung gesetzt, also bei Beurtheilung der Luft vom gefundenen Kohlensäuregehalte entweder in Abzug oder zum Grenzwerth in Zuschlag gebracht wird. Sollte z. B. die Luft beleuchteter Wohn- oder Versammlungsräume nach dem Kohlensäuregehalte beurtheilt werden, so kann dies nicht geschehen ohne Beachtung der von der Beleuchtung entwickelten Kohlensäure.

Pettenkofer hat in Gutachten[2]) als Vorschrift für die Beurtheilung der Luft empfohlen, dass der Kohlensäuregehalt am Tage, solange nur die Athmung der Bewohner die Kohlensäure

1) In Preussen seit dem Jahre 1883.

2) Gutachten vom 2. December 1873, betr. den Entwurf von Bestimmungen über die Einrichtung von Erziehungsinstituten (vergl. die Besprechung von G. Wolffhügel, Aerztl. Intelligenzblatt 1875, Nr. 33); Gutachten vom 13. Februar 1883, betr. die Ventilation des Odeon-Saales (vergl. Jahresbericht der Untersuchungsstation des hygien. Instituts, München 1885, S. 72).

liefere, nicht über 1 ‰ und bei Nacht, wenn die Kohlensäure aus der Beleuchtung noch hinzutritt, aus beiden Kohlensäurequellen zusammen nicht über 2 ‰ betragen soll. Bei diesem Vorschlag ist als selbstverständlich vorausgesetzt, dass für die Beleuchtung keine ungeeigneten Materialien verwendet werden und die Apparate auch gut im Stande sind, dass also aus dem Verbrennungsvorgang nicht mehr wie gewöhnlich verunreinigende Beimengungen an die Luft abgegeben werden. Wie ich glaube annehmen zu dürfen, hat Pettenkofer hier zunächst nur für den besonderen Fall und durch ein dringendes Bedürfnis der Praxis veranlasst, einen Anhaltspunkt für die Beurtheilung des Reinlichkeitszustandes der Luft in beleuchteten Räumen zu geben versucht, ohne dessen allgemeine Verwerthbarkeit bezw. Anerkennung als genaues Maass in Anspruch nehmen zu wollen. An die Benützung dieser Zulässigkeitsgrenze als Unterlage für die Berechnung des Ventilationsbedarfs beleuchteter Räume ist, wie mir scheint, nicht gedacht worden

Von Erismann[1]) ist auf Grund seiner Beobachtungen 0,7 ‰ als die Maximalzahl für den Kohlensäuregehalt bezeichnet worden, welche nicht überschritten werden soll, wenn man irgend eine Garantie für die Reinheit der Luft haben will. Dabei war keineswegs die sanitäre Begrenzung im Sinne des von Pettenkofer für die Athmungs-Kohlensäure aufgestellten Werthes beabsichtigt. Hatte sich doch Erismann auf seine Untersuchungen hin zu der Meinung bekannt, »dass die in der Luft vorhandene Kohlensäuremenge bei den verschiedenen Arten der künstlichen Beleuchtung nicht als Maassstab der Verunreinigung der Luft durch die Producte der unvollständigen Verbrennung angesehen werden kann«, und es kaum denkbar sei, »dass eine so geringe Beimischung von Verbrennungsgasen zur Athemluft einen schädlichen Einfluss auf die Gesundheit ausüben könne«. Man könne im Allgemeinen sagen, »dass in hinlänglich ventilirten Räumen durch die künstliche Beleuchtung die Luft nicht in gesundheitsschädlichem Grade verunreinigt wird, wenn die Beleuchtungs-

1) Zeitschrift f. Biologie, Bd. XII (1876), S. 333.

materialien selbst vor ihrer Anwendung auf den möglichsten Grad von Reinheit gebracht worden sind«.[1])

Weder die Ergebnisse der Versuche von Erismann, noch die neueren experimentellen Erfahrungen von F. Fischer[2]), E. Cramer[3]), M. Rubner[4]) können uns dazu berechtigen, dass wir der aus der Beleuchtung herkommenden Kohlensäure die gleiche symptomatische Bedeutung wie der Athmungs-Kohlensäure zuerkennen. Auch geben dieselben nicht der Erwartung Raum, dass für die Beurtheilung einer durch die Beleuchtung verunreinigten Luft je eine allgemein verwerthbare Grenzzahl aufgestellt werden kann. Dass aber eine solche Norm für den Kohlensäurezuwachs aus der Beleuchtung, falls wir sie besässen, keineswegs für den allgemeinen Gebrauch geeignet sein, vielmehr nur dann unmittelbare Anwendung finden dürfte, wenn die in Rede stehenden zwei Kohlensäurequellen in Bezug auf ihre Ergiebigkeit in einem bestimmten, stets wiederkehrenden Verhältnisse zu einander stünden, dies könnte selbstverständlich erscheinen.[5])

Wir können übrigens die Betheiligung der Beleuchtung am Kohlensäuregehalte der Luft von Fall zu Fall durch Kohlensäurebestimmungen und Rechnung annähernd ermitteln. Es geschieht dies unter Verwerthung des Ausdrucks

$$y = \frac{k}{p - q}$$

durch Einsetzen von Zuschlägen für die Beleuchtung und zwar von k_1 für die Kohlensäurelieferung und von p_1 für den hier-

1) Vergl. a. a. O., S. 332, 344, 346.

2) Deutsche Vierteljahrsschrift f. öffentl. Gesundheitspflege, Bd. XV (1883), S. 619; Zeitschrift f. angewandte Chemie, 1891, S. 114 u. 622.

3) Archiv f. Hygiene, Bd. X (1890) S. 283.

4) Vergl. M. Rubner, Lehrbuch d. Hygiene, Leipzig-Wien 1891, 4. Aufl., S. 209 u. 242.

5) Da sowohl die Flammenzahl der Beleuchtung als auch die Kopfzahl der im Raume anwesenden Personen, namentlich aber die letztere, grossen Schwankungen unterliegt, kann die Anwendung der von Pettenkofer getroffenen Erhöhung des zulässigen Kohlensäuregehaltes für den Abend leicht zu Fehlern Anlass geben, wie man sich aus der Berechnung der zu erwartenden Verhältnisse für einen gegebenen Fall überzeugen kann.

durch bedingten Kohlensäuregehalt der Zimmerluft. Auf diese Weise würde die Formel für beleuchtete und von Menschen benutzte Räume

$$y = \frac{k + k_1}{p + p_1 - q}$$

lauten, woraus sich der Antheil der Beleuchtung am Kohlensäuregehalt der Zimmerluft berechnet mit

$$p_1 = \frac{k + k_1}{y} - (p - q).$$

Die Werthe von k, k_1, p und q dürfen als bekannt vorausgesetzt, dagegen müsste y als Ventilationsgrösse mit Hilfe von Kohlensäurebestimmungen ermittelt werden, wodurch allerdings das Verfahren etwas umständlich wird.

Man wird es daher zumeist vorziehen, mit der Gleichung

$$k : k_1 = p : p_1$$

p_1 zu ermitteln, was für die Bedürfnisse der Praxis auch genügen könnte.

Gestützt auf die Erfahrungen von Erismann habe ich es nicht für nöthig erachtet, die Beleuchtung bei Feststellung des Ventilationsbedarfes besonders zu berücksichtigen, vielmehr nur gedacht, den Ueberschuss an Luftzufuhr, der durch weniger günstige Annahmen für die Werthe k und q der Formel gewonnen wird, für die Beseitigung der durch Beleuchtung und derartige unvermeidliche Quellen enstehenden Verunreinigung der Luft aufzuwenden.[1]) Andere dagegen, z. B. Flügge[2]), haben den vollen Betrag der aus der Beleuchtung zu erwartenden Kohlensäure (k_1) zu der Kohlensäurelieferung aus der Athmung (k) ohne weiteres hinzugefügt. Die Frage, ob gleichzeitig dem Grenzwerth (p) ein Zuschlag für die Beleuchtung (p_1) zu geben sei, hat C. Lang[3]) in einer bezüglichen Erörterung verneint, indem er dieses Vorgehen glaubt insolange für unthunlich erachten zu müssen, als

1) Vergl »Prüfung von Ventilationsapparaten«, S. 13.

2) C. Flügge, Lehrbuch der hygienischen Untersuchungsmethoden, Leipzig 1881, S. 499.

3) C. Lang, Ueber natürliche Ventilation, Stuttgart 1877, S 24.

nicht durch besondere experimentelle Ermittelungen die Kohlensäurenorm für eine jede Beleuchtungsart eigens festgestellt sei.

Wie sehr die Ergebnisse der Rechnung von einander abweichen, je nachdem man in der einen oder anderen Weise vorgeht, will ich an einem bestimmten Falle zeigen, wobei wieder die Verhältnisse meines früheren Hörsaales der Berechnung des Ventilationsbedarfs zu Grunde gelegt werden sollen. Der Raum hat 35 qm Grundfläche, kann bis 25 Personen aufnehmen und ist mit 7 Argandflammen beleuchtet. Die stündliche Kohlensäureabgabe der Menschen wollen wir zu 18 l per Kopf, die der Gasbeleuchtung im Ganzen (k_1) zu 480 l annehmen[1]) und den gewöhnlichen Verhältnissen entsprechend nur die Besetzung des Raumes, nicht die Flammenzahl sich ändern lassen. Es sei $p = 1$ ‰, $p_1 = 1$ ‰ und $q = 0{,}4$ ‰. Das Ergebnis der Berechnung ist in nachstehender Tabelle zusammengestellt.

Personenzahl	Stündliche Kohlensäureabgabe der Menschen (k)	Stündliche Kohlensäureabgabe der Beleuchtg. (k_1)	Stündliche Kohlensäureabgabe zusammen ($k+k_1$)	Ventilationsbedarf berechnet nach der Formel I $y=\frac{k}{p-q}$	II $y=\frac{k+k_1}{p-q}$	IIIa $y=\frac{k+k_1}{(p+p_1)-q}$ wenn $p_1 = 1$ ‰	IIIb $y=\frac{k+k_1}{(p+p_1)-q}$ wenn $p_1=\frac{k_1 p}{k}$
	l	l	l	cbm	cbm	cbm	cbm
5	90	480	570	150	950	356	96
10	180	480	660	300	1100	413	202
15	270	480	750	450	1250	469	315
20	360	480	840	600	1400	525	435
25	450	480	930	750	1550	581	557

Für den Ventilationsbedarf erhalten wir sonach je nach der Berechnungsweise ausserordentlich grosse Abweichungen. Im Allgemeinen erweisen sich die Ansprüche, welche die Beleuchtung an den Luftwechsel stellt, in dem Falle, dass ohne Erhöhung des Grenzwerthes gerechnet wird, als sehr hohe, und namentlich muss bei schwacher Besetzung des Raumes der Ventilationsbedarf am Abend im Verhältnisse zu der am Tage erforderlichen Luftzufuhr uns fast etwas ungeheuerlich erscheinen. Unsere Rechnungs-

1) Nach F. Fischer (Deutsche Vierteljahrsschrift f. öffentl. Gesundheitspflege, Bd. XV [1883] S. 620) ist bei Argandflammen für eine Helligkeit von 100 Kerzen die Kohlensäureabgabe zu 0,46 cbm anzunehmen.

ergebnisse sind weiterhin geeignete Beläge für die oben vertretene Auffassung, dass man zur Feststellung des zulässigen Kohlensäuregehaltes in beleuchteten Räumen den Zuschlag nach Maassgabe des wechselnden Verhältnisses der beiden Kohlensäurequellen berechnen muss. Aber sie lehren auch, dass selbst ein auf die vorgeschlagene Weise von Fall zu Fall rechnerisch ermittelter Werth für p_1 ebensowenig wie die Pettenkofer'sche Grenzzahl für die Beurtheilung der Luft in beleuchteten Räumen ($p + p_1 = 2$ ‰) als Unterlage zur Berechnung des Ventilationsbedarfs zu gebrauchen ist; es kann deren Anwendung zu dem paradoxen Ergebnisse führen, dass am Abend die erforderliche Luftzufuhr weniger beträgt als am Tag.

Wir wollen nun zusehen, ob die Verunreinigung, welche die Luft bewohnter Räume aus der Beleuchtung erfährt, in der That eine so erhebliche ist, dass es unerlässlich erscheinen muss, dieselbe im Ventilationsbedarf besonders zu bedenken.

Die hier in Betracht kommenden Arten der Beleuchtung, in welchen das Licht aus der Verbrennung von Gasen, Oelen, Stearinsäure u. s. w. erhalten wird, nehmen den Sauerstoffgehalt der Luft in Anspruch und geben als Verbrennungsproducte Kohlensäure und Wasser ab. In der Regel kann weder die Herabsetzung des Sauerstoffgehaltes noch die Anreicherung der Luft mit Kohlensäure ein bedrohliches Maass erreichen, — übrigens sind auch die Flammen selbst gegenüber dem Sauerstoff- und Kohlensäuregehalte der Luft empfindlich, sie brennen trübe, sobald deren Zusammensetzung eine ungeeignete wird, und können so vor der Gefahr warnen. Eher wird die Beleuchtung durch Ueberladung der Luft mit Wasserdampf in Verbindung mit der Temperatursteigerung und Wärmestrahlung Störungen im Wohlbefinden mit hervorrufen, da sie die Entwärmung des menschlichen Körpers erschwert. In dieser Richtung macht namentlich auch die Gasbeleuchtung sich leicht in unangenehmer Weise bemerkbar.

Neben Kohlensäure und Wasser nimmt die Luft aus der Beleuchtung Kohlenoxyd und Kohlenwasserstoffe auf. Unter normalen Verhältnissen ist indess die Menge dieser Producte unvollständiger Verbrennung äusserst gering. Dieselben treten bei unruhiger (flackernder) Flamme mehr oder weniger in die Erscheinung, dagegen hat man von Brennern, deren Flamme geschützt ist, eine Verunreinigung der Luft durch Kohlenoxyd und Kohlenwasserstoffe nicht zu befürchten, vorausgesetzt, dass für sie nicht ungeeignetes Beleuchtungsmaterial verwendet wird. Petroleumlampen liefern Kohlenwasserstoffe, wenn die Flamme zu hoch oder zu niedrig eingestellt oder der Brenner nicht rein gehalten ist.[1]) Aber mit solchen ungehörigen Zuständen und Fehlern haben wir hier nicht zu rechnen. ebensowenig wie mit der Möglichkeit des Ausströmens von Leuchtgas aus der Leitung, — wir müssen gegen diese Vorkommnisse in einer geeigneteren Weise als durch Vermehrung der Luftzufuhr ankämpfen.

Weiterhin kommt es zu Verunreinigungen der Luft durch Auftreten von schwefeliger Säure bezw. Schwefelsäure bei der Beleuchtung mit Petroleum, Leuchtgas und Stearin. Petroleum kann infolge ungenügender Beseitigung der im Raffinationsverfahren verwendeten Schwefelsäure noch Beimengungen der letzteren und daneben auch noch von den im Rohöle vorhandenen schwefelhaltigen Verbindungen enthalten, Leuchtgas wird mit Schwefelkohlenstoff und organischen Schwefelverbindungen, selten noch mit Schwefelwasserstoff, Schwefelammonium in nennenswerther Menge verunreinigt gefunden. Im Stearin ist, wie man annimmt[2]), vom Herstellungsverfahren häufig noch etwas Schwefelsäure zurückgeblieben. Es handelt sich hierbei um Verunreinigungen der Beleuchtungsstoffe, welche nach Maassgabe des heutigen Standes der Technik, wenn auch nicht vollständig, so doch zu gutem Theil zu vermeiden sind, sei es durch bessere Auswahl des Rohmaterials oder durch grössere Sorgfalt in der Anwendung der Reinigungsverfahren. Die aus dieser mangelhaften Beschaffenheit der Beleuchtungsstoffe beim Verbrennungsvorgang zu erwartenden Luftverunreinigungen werden nur im Falle eines Uebermaasses der gedachten Beimengungen für die Gesundheit

1) Vergl. F. Fischer, Deutsche Vierteljahrsschrift f. öffentl. Gesundheitspflege, Bd. XV (1883) S. 621.

2) Vergl. E. Cramer, Archiv f. Hygiene, Bd. X (1890) S. 322.

des Menschen von Nachtheil sein, sie sind in diesem Falle auch schädlich für Thiere und Pflanzen und selbst für Gegenstände, wie Papier (Drucksachen und Bücher), Fenstervorhänge u. dergl. Bei normalem Verbrennungsvorgang entsteht schwefelige Säure, welche sich bei Vorhandensein von Wasser alsbald zu Schwefelsäure umsetzt; im zurückgeschlagenen Brenner bildet sich Schwefelwasserstoff.[1])

Vor einer Ueberschreitung der Grenze des Zulässigen kann uns die Eigenthümlichkeit, dass das Vorhandensein schwefelhaltiger Beimengungen sich durch übele Eigenschaften beim Brennen (z. B. bei Petroleum durch Verkohlen des Dochtes, trübe Flamme, unangenehme Dämpfe) bemerkbar macht, nur zum Theil bewahren. Es darf aber nichtsdestoweniger der Ventilation die Aufgabe nicht gestellt werden, diese Luftverunreinigungen, soweit sie vermeidbar sind, zu beseitigen. Ich kann mir von einer Beaufsichtigung der Beschaffenheit des Beleuchtungsmaterials und der Beschränkung des Schwefelgehaltes (namentlich im Leuchtgas) auf eine gesetzlich bestimmte Zulässigkeitsgrenze hierin mehr Nutzen versprechen, als von dem Vorhaben, dagegen mit der Ventilation ankämpfen zu wollen. In England[2]) ist eine gesetzliche Regelung in gedachter Hinsicht für das Leuchtgas längst eingeführt und beträgt die Grenze 0,57 g Schwefel im Cubikmeter Leuchtgas, wobei ein Gehalt an Schwefelwasserstoff ausdrücklich ausgeschlossen ist. Diese Norm ist anscheinend noch zu milde; nach F. Fischer[3]) darf ein gereinigtes Leuchtgas nicht mehr wie 0,3 bis 0,4 g Schwefel im Cubikmeter enthalten; von Schwefelwasserstoff soll das Gas vollständig gereinigt sein.

Auch in Bezug auf den Ammoniakgehalt erscheint eine Beaufsichtigung der Beschaffenheit des Leuchtgases dringend angezeigt. Im Steinkohlengas wird nur bei Unregelmässigkeiten im

---

1) Vergl. Fr. Böckmann, Chemisch-techn. Untersuchungsmethoden, Berlin 1893, 3. Aufl., Bd. I, S. 960.

2) Vergl. Poleck, Zeitschrift f. analyt. Chemie, Bd. XXII (1883) S. 172, und Drehschmidt in O. Dammer's Lexikon der Verfälschungen, Leipzig 1885, S. 513.

3) R. v. Wagner u. F. Fischer, Handbuch d. chem. Technologie, Leipzig 1889 (13. Aufl.), S. 103.

Betrieb der Gasanstalt mehr als 0,17 g Ammoniak im cbm gefunden [1]), nach Rubner [2]) wird gutes Steinkohlengas selten mehr als 0,15 g Ammoniak im cbm enthalten. Nach einer Angabe von Gunning soll das im Leuchtgas vorhandene Ammoniak nur wenig oder gar nicht vom Verbrennungsvorgang berührt werden [3]), Andere hingegen nehmen an, dass dasselbe zu gutem Theil in der Flamme oxydirt werde. [4]) Bei russender Flamme entsteht aus Ammoniak etwas Cyanammonium. [5])

Aus der geringen Menge Ammoniak, welche auch in gutem Leuchtgas noch gefunden wird, haben wir gesundheitsschädliche Wirkungen nicht zu besorgen. Eine grössere Bedeutung nach dieser Richtung wird der Untersalpetersäure beigelegt, welche die Leuchtflamme nicht sowohl aus stickstoffhaltigen Bestandtheilen des Beleuchtungsmaterials als auch aus dem Stickstoff der in den Verbrennungsvorgang eintretenden atmosphärischen Luft bilden kann (Rubner. [6]) Der Entstehung von Oxydationsproducten des Stickstoffs, von Untersalpetersäure, salpetriger Säure und Salpetersäure, welch letztere beim Vermengen von Stickstofftetroxyd mit Wasser auftreten, ist namentlich bei Untersuchung der Luftverunreinigung durch Gasbeleuchtung in den letzten Jahren Aufmerksamkeit geschenkt worden; mit der hygienischen Seite des Gegenstandes haben sich ausser Rubner noch C. Wurster [7]), E. Cramer [8]), A. v. Bibra [9]) u. A. befasst. Zu einer abschliessenden Klärung der Frage nach

---

1) Vergl. G. F. Schaar, Kalender für Gas- und Wasserfach-Techniker, München-Leipzig 1889, S. 36.

2) M. Rubner, Lehrbuch d. Hygiene, Leipzig-Wien 1891 (4. Aufl.), S. 226.

3) Dingler, Polyt. Journal, Bd. 188 (1868) S. 323.

4) G. F. Schaar, a. a. O., S. 35.

5) de Romilly, Comptes rendus, Bd. 65 (1867) S. 867.

6) Zeitschrift f. Biologie, Bd. XXI (1885) S. 273; vergl. auch M. Rubner, Lehrbuch d. Hygiene, Leipzig-Wien 1891, 4. Aufl., S. 247.

7) Casimir Wurster, Die Temperaturverhältnisse der Haut und deren Beziehungen zum Stoffwechsel, zu Erkältung und Katarrh, Berlin 1887, S. 15; Papier-Zeitung 1887, 62.

8) Archiv f. Hygiene, Bd. X (1890) S. 323.

9) Archiv f. Hygiene, Bd XV (1892) S. 216.

dem Grade der Gesundheitsschädlichkeit dieser Beimengungen der Luft beleuchteter Räume bedarf es entschieden noch weiterer experimenteller Unterlagen und namentlich einer streng quantitativen Betrachtung des Gegenstandes unter normalen Verhältnissen in beleuchteten und von Menschen benützten Räumen. Nach meiner Erwartung wird sich in überzeugender Weise kaum darthun lassen, dass unter normalen Bedingungen der Gasbeleuchtung in einem einigermaassen gut ventilirten Raume in der That der Gehalt an den in Rede stehenden stickstoffhaltigen Verbrennungsproducten einen Betrag erreichen kann, den wir als schädlich für die menschliche Gesundheit anzusehen haben.

Wenn wir die vermeidlichen Luftverunreinigungen durch Beleuchtung, weil deren Beseitigung der Ventilation nicht zufallen kann, ausser Betracht lassen, so bleiben nach vorstehender Darlegung noch einige Verbrennungsprodukte der Leuchtflammen übrig, welche zum Theil an und für sich als gleichgültig, zum Theil in der Verdünnung, in welcher sie der Berechnung zufolge in gelüfteten Räumen auftreten, kaum als nachtheilig zu erachten sind. Ich kann mich deshalb auch heute, nachdem die Erkenntnis des Gegenstandes durch die genannten Arbeiten aus den letzten 10 Jahren eine wesentliche Förderung erfahren, noch ebensowenig wie früher dazu entschliessen, dem Verlangen das Wort zu reden, dass die Beleuchtung bei Aufstellung des Ventilationsbedarfs neben der für den Menschen erforderten Luftmenge in einem nach Maassgabe ihrer Kohlensäureabgabe berechneten Betrage noch besonders in Rechnung gestellt werde. Selbst auf die Gefahr hin, dass man mich des Preisgebens wichtiger hygienischer Interessen zeihen wollte, ziehe ich es vor, bei der früheren Stellungnahme bis auf Weiteres zu verharren, da zugleich auch die Erfahrung für mich maassgebend sein darf, dass die Sache mehr gefördert und in der Praxis mehr erreicht wird, wenn man strenge darauf hält, dass der Forderung des Ventilationsbedarfs für den Menschen Genüge gethan wird, im Uebrigen aber dem Techniker die an sich so schwierige Aufgabe der Lüftung dicht besetzter Räume nicht noch durch die in Rede stehende Vermehrung der Ansprüche erschwert. Zu dieser Auffassung kann ich mich indessen derzeit, nachdem inzwischen das Beleuchtungswesen erfreulicher Weise so bedeutsame Fortschritte gemacht hat, noch eher wie zuvor bekennen.

Unter diesen Verhältnissen erachte ich es unbedingt für zweckmässiger, in den Einrichtungen für die Beleuchtung den Angriffspunkt für die Maassnahmen zur Sicherung einer guten Luftbeschaffenheit zu suchen. Soweit nicht schon der gesteigerte Wettbewerb der verschiedenen Beleuchtungsarten einen wohlthätigen Einfluss auf die Vervollkommnung des Materials und der Apparate zur Beleuchtung ausübt, muss die Hygiene ihre Ansprüche im Sinne des bisher Besprochenen mit mehr Nachdruck wie bisher geltend machen. Im Uebrigen aber werden wir zum wenigsten für die Fälle, in welchen besondere Vorkehrungen gegen die Verschlechterung der Luftbeschaffenheit aus der Beleuchtung angezeigt erscheinen, nur solche Beleuchtungsarten, die wenig oder gar nicht durch Verunreinigung der Luft und durch Temperaturerhöhung bezw. Wärmestrahlung lästig werden, wählen oder doch Anordnungen treffen lassen, durch welche diese Nebenwirkungen der Beleuchtung auf ein erträgliches Maass herabgesetzt werden.

Für letztere Aufgabe gibt es zwei Wege der Lösung, man hat die Wahl, für die Verbrennungsgase, wie bei der Siemens-Lampe, besondere Abzugscanäle vorzusehen oder Rietschel's Vorschlag anzunehmen. Nach letzterem ist die Beleuchtung nicht nur möglichst hoch anzuordnen, sondern auch — namentlich in Fällen, wo dies angängig und nöthig erscheint, in hohen, dicht besetzten Räumen — die Lüftung nach Zonen zu trennen, so dass für die Beleuchtungszone in gleicher Weise besondere Zu- und Abluftcanäle herzustellen sind wie für die Zone, in der die Menschen sich aufhalten. Wenn Rietschel für derartige Verhältnisse den Luftbedarf unter Zugrundelegung einer Temperaturgrenze berechnen will, so ist hygienischerseits mit Rücksicht auf die Besonderheit der Umstände wenig dagegen einzuwenden.

Wir haben bisher in der Hygiene uns von der Auffassung leiten lassen, dass es Aufgabe der Lüftung sei, die unvermeidliche Verunreinigung der Luft durch gasförmige Ausscheidungsstoffe aus den bewohnten Räumen unvermerkt zu beseitigen, während zur Regelung der Wärmeverhältnisse andere Mittel zu Diensten stehen. Es ist, wie ich glaube nachgewiesen zu haben, kein Grund vorhanden, von dieser Lehre Pettenkofer's abzugehen und uns zu Rietschel zu bekennen. Wir haben aber umso weniger hierzu Ursache, weil Rietschel selbst zugesteht, dass die hygienische Erkenntnis sich nicht von technischen und finanziellen Schwierigkeiten beeinflussen lassen kann, und auch zugibt, dass der Technik eine ganze Reihe Mittel zur Erfüllung der Aufgabe zu Gebote stehen.[1]) In seinem in amtlichem Auftrage verfassten jüngsten Werke[2]) hat Rietschel zu unserer Freude der Berechnung des Ventilationsbedarfs nach dem Kohlensäuregehalt mehr Recht eingeräumt, als nach der ersten Mittheilung über die andere Methode zu erwarten war. Wir dürfen dies umso höher anschlagen, als sich von hygienischer Seite die Kritik mit der letzteren meines Wissens noch nicht befasst hat. Rietschel lässt jetzt die Berechnung nach Maassgabe einer Kohlensäuregrenze für alle diejenigen Räume anwenden, in denen sich eine grosse Anzahl Menschen am Tage dauernd aufzuhalten hat (Schulen, Lehranstalten). Die Bestimmung der Grösse des erforderlichen Luftwechsels nach Maassgabe der Wärmeabgabe sei hauptsächlich für Räume anzuwenden, in welchen sich eine grosse Anzahl Menschen besonders am Abend versammeln (Theater, Concertsäle, Versammlungsräume).

1) a. a. O., S. 234 u. 236.
2) H. Rietschel, Leitfaden, S. 8 bis 13.

Göttingen, im Juni 1893.

www.ingramcontent.com/pod-product-compliance
Lightning Source LLC
LaVergne TN
LVHW042250300926
849161LV00003B/538